누구나 쉽게 배우는
야생화 압화 식물도감

알기쉬운
Pressed Flower
사전!

누구나 쉽게 배우는

야생화 압화 식물도감

•• 박윤점 · 김유진 · 허북구 外 4명 지음

중앙생활사

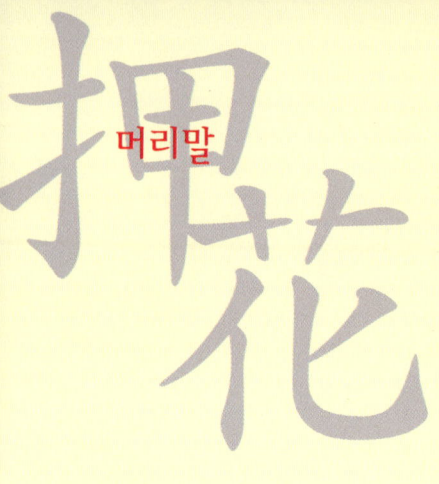

머리말

압화 인구가 늘고 있다. 압화 인구 증가에 걸맞게 압화에 이용하는 소재의 종류와 양이 늘어나고 있으며, 관련 자재도 계속 개발되고 있다. 압화 소재, 재료와 관련 자료의 증가는 압화를 손쉽게 할 수 있게 하고, 압화의 영역을 확대하는 데 크게 기여하는 만큼 그에 따른 정보의 필요성이 커지고 있다.

특히 식물 소재는 수를 헤아릴 수 없을 만큼 다양하게 사용되는데, 소재마다 특성이 다 달라서 소재 구별과 더불어 소재별 지식과 이용 경험이 필요하다.

소재 구별은 이미 발행된 많은 도감을 이용하면 쉽게 할 수 있지만, 식물체 일부분만 건조한 압화 소재를 구별할 때는 이미 발행된 도감들도 제구실을 하지 못하는 아쉬움이 있다. 또 식물을 채집하여 압화용으로 이용할 때는 식물에 따른 형태, 크기, 건조 특성, 변색 정도, 염색, 압화방법과 이용방법 등 압화 측면의 다양한 지식이 필요한데, 이와 관련된 서적이 없어 전문가들 사이에서 구두로만 전달되거나 시행착오를 겪는 실정이다.

pressed flower

　압화 소재에 관한 이 같은 아쉬움이 커지면 커질수록 압화 발전에 장애가 될 것이라는 생각에 압화 분야의 학계와 실무 분야에서 일하는 필자들은 압화 소재 도감을 편찬하기로 결의하고 그 첫 번째로 압화용 야생 식물도감을 저술하기에 이르렀다.

　학계에 있는 필자들은 가능한 한 실무에 맞게, 실무를 보는 필자들은 경험을 최대한 객관화하려고 했으나 필자들의 역량이 부족하고 한정된 소재만 소개하게 되어 독자들의 궁금증을 충분히 해소하는 데는 크게 부족할 것으로 보인다. 이 부분은 앞으로 점차 보완할 것을 약속하며, 더 나은 도감을 출판하기 위해서 독자들의 질정을 바란다.

　끝으로 도감 저술에 없어서는 안 될 중요한 야생식물 사진을 제공해준 전남농업기술원 난지과수시험장 박재옥 연구사, 압화 소재 사진을 촬영한 채상엽 선생께 감사 인사를 드린다. 또 이 책을 통해 여러분과 만날 수 있게 해준 중앙생활사 김용주 대표와 독자들께 감사의 뜻을 표한다.

차례

머리말	004	계뇨등	030
압화용 야생화 채집과 취급의 기초상식	012	고마리	031
		고비	032
		고사리	033

ㄱ

가는살갈퀴	016	곰취	034
가막살나무	016	공조팝나무	034
가시여뀌	018	과꽃	036
각시붓꽃	018	광대나물	038
갈퀴나물	020	광대수염	040
갈퀴덩굴	021	괭이밥	041
감국	021	구절초	042
감나무	022	국수나무	044
강아지풀	023	금꿩의다리	045
개나리	024	금낭화	046
개느삼	024	금불초	048
개망초	025	금붓꽃	049
개미취	026	금창초	050
개밀	028	기린초	051
개불알풀	029	긴산꼬리풀	052

까치수염	054
꼬리조팝나무	056
꼭두서니	057
꽃다지	058
꽃며느리밥풀꽃	058
꽃향유	060
꽃황새냉이	061
꿀풀	062
꿩의다리	064

ㄴ

낭아초	068
냉이	069
넉줄고사리	070
노랑꽃창포	071
노루귀	072
노루발풀	073
노루오줌	074
노린재나무	076
누리장나무	078
눈갯버들	079
눈괴불주머니	080

ㄷ

다닥냉이	084
다복쑥	085
단풍나무	086
닭의장풀	087
담쟁이덩굴	088
도라지	089
독말풀	090
돌단풍	091
동백나무	092
동의나물	093
동자꽃	094
등갈퀴나물	095
등골나물	096
등나무	097
등대시호	098
땅비싸리	099
떡갈나무	100
떡쑥	101

ㅁ

마타리	104
말채나무	105
매발톱꽃	106
매화나무	107

맥문동	108
머위	109
메꽃	110
모란	111
모시풀	112
모싯대	113
무릇	114
물매화	116
물봉선	118
미나리	119
미나리아재비	120
미역취	122
민들레	123

ㅂ

바늘꽃	126
바디나물	127
바람꽃	128
바위손	129
바위솔	130
바위취	131
박주가리	132
방가지똥	133
배꽃	134

배초향	135
백당나무	136
백양꽃	137
뱀딸기	138
뱀무	139
벌개미취	140
벌깨덩굴	141
벌노랑이	142
범꼬리	143
범부채	144
벚나무	146
보춘화	147
복수초	148
복주머니	150
부처꽃	151
부처손	152
붉은병꽃나무	153
붓꽃	154
비비추	155
비수리	156
뻐꾹나리	157

ㅅ

사상자	160

사위질빵	161	솜다리	186
산골무꽃	162	솜대	188
산괴불주머니	163	솜방망이	189
산딸나무	164	쇠뜨기	190
산마늘	165	수련	191
산부추	166	수선화	192
산수유나무	167	쉬땅나무	194
산오이풀	168	승마	195
산자고	169	싸리나무	196
삼백초	170	쑥	197
삽주	171	쑥부쟁이	198
상사화	172	씀바귀	199
새우난초	174		
새팥	175		
석산	176	아그배나무	202
석송	178	아까시나무	203
석잠풀	179	애기나리	204
석창포	180	애기수영	205
설유화	180	앵초	206
섬바디	182	약모밀	207
소나무	183	양지꽃	208
솔나물	184	어수리	209
솔체꽃	184	얼레지	210
솜나물	186	엉겅퀴	212

여뀌	214
연꽃	215
염주괴불주머니	216
영아자	216
예덕나무	218
오이풀	219
옻나무	220
용담	221
용머리	222
우산나물	223
원추리	224
으아리	225
은방울꽃	226
은행나무	228
이고들빼기	229
이끼	230
이질풀	231
익모초	232

ㅈ

자란	236
자리공	237
자운영	238
자작나무	238

자주꽃방망이	240
자주쓴풀	240
작약	242
잔대	242
장성사초	243
전동싸리	243
전호	244
제비꽃	245
제비동자꽃	246
조개나물	247
조팝나무	248
족도리풀	250
족제비싸리	251
좀씀바귀	252
좁쌀풀	253
지리터리풀	254
지칭개	255
질경이	256
짚신나물	257
쪽	258
찔레나무	259

ㅊ

차나무	262

참꽃마리	263
참당귀	264
참억새	264
참취	266
천궁	268
천남성	268
청사초	270
초롱꽃	270
층꽃나무	272
층층이꽃	273
취	274

큰구슬붕이	278
큰꽃으아리	280
큰애기나리	281

ㅌ

타래난초	284
타래붓꽃	285
톱잔대	286
톱풀	286

패랭이꽃	290
편백	291
풀솜나물	292

ㅎ

하늘나리	296
하늘말나리	296
할미꽃	298
해오라비난초	300
현호색	301
홀아비꽃대	302
황해쑥	302
히어리	304

학명으로 찾기	306
참고문헌	317

압화용 야생화 채집과 취급의 기초상식

◆ **채집할 때 옷차림**
운동복, 모자 등 신체를 보호하고 움직이기에 편리한 복장이 좋다. 장갑을 착용하여 풀이나 나무의 즙액이 묻지 않게 한다. 식물 중에는 독이 있는 것도 있으므로 식물을 만진 손으로 눈이나 입을 만지면 안 된다.

◆ **채집 포인트**
채집은 가능한 한 맑은 날 오전에 하는 것이 좋다. 비가 오는 날이나 바람이 부는 날, 비가 온 다음 날은 상처 난 꽃이 많으므로 피한다. 압화를 아름답게 만들려면 신선한 꽃을 선택하는 것이 중요하다.

◆ **채집할 때 유의사항**
채집금지 구역에서는 채집하지 말아야 하며, 절멸위기에 있는 식물도 채집하면 절대로 안 된다. 불필요하게 식물을 많이 채집하지 말아야 하며, 뿌리는 남겨두어 생태계를 지키도록 한다. 채집한 식물에 이물질이나 벌레가 있으면 휴지로 닦아내어 다른 소재나 집에 옮기지 않게 한다.

◆ **채집에 필요한 도구**
밀폐용기(플라스틱 반찬용기나 발포스티로폼으로 만든 작은 상자), 비닐봉지, 건조매트, 신문지, 티슈페이퍼, 가위, 칼, 고무줄 등이 필요하다. 카메라나 스케치북으로 식물의 생태나 풍경 등을 기록해두면 작품을 만드는 데 도움이 많이 된다.

◆ 소재의 취급, 가지고 돌아오는 방법

- 밀폐용기를 이용하는 방법

용기 바닥에 물에 적신 티슈페이퍼나 신문지를 깔고 그 위에 채집한 소재를 올려놓은 다음 뚜껑을 닫아 가지고 돌아온다.

- 비닐봉지를 이용하는 방법

물에 적신 신문지를 비닐봉지에 넣고 그 위에 채집한 소재를 올려놓은 뒤 공기를 넣어 팽팽하게 한 다음 봉지 입구를 고무줄로 묶어서 가지고 돌아온다.

- 신문지를 이용하는 방법

접은 신문지 위에 티슈페이퍼를 두고 채집한 소재를 겹치지 않게 배열한다. 그 위를 티슈페이퍼로 덮고, 신문지 두기를 반복한다. 마지막에 판자나 두꺼운 종이를 놓고 고무줄로 조여서 가지고 돌아온다.

- 잡지를 이용하는 방법

적당한 크기로 자른 소재를 티슈페이퍼에 펼쳐 넣은 뒤 잡지 사이에 넣어 가지고 돌아온다. 단, 컬러페이지는 수분이 잘 흡수되지 않으므로 피한다.

pressed flower

ㄱ

가는살갈퀴 | 가막살나무 | 가시여뀌 | 각시붓꽃 | 갈퀴나물 | 갈퀴덩굴 | 감국 | 감나무 | 강아지풀 | 개나리 | 개느삼 | 개망초 | 개미취 | 개밀 | 개불알풀 | 계뇨등 | 고마리 | 고비 | 고사리 | 곰취 | 공조팝나무 | 과꽃 | 광대나물 | 광대수염 | 괭이밥 | 구절초 | 국수나무 | 금꿩의다리 | 금낭화 | 금불초 | 금붓꽃 | 금창초 | 기린초 | 긴산꼬리풀 | 까치수염 | 꼬리조팝나무 | 꼭두서니 | 꽃다지 | 꽃며느리밥풀꽃 | 꽃향유 | 꽃황새냉이 | 꿀풀 | 꿩의다리

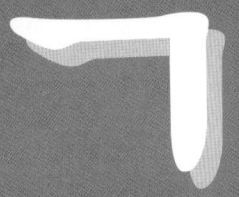

가는살갈퀴(콩과)

Vicia angustifolia

분포지역 | 제주, 경북, 아시아, 유럽 **서식장소** | 산과 들 **생태적 특성** | 2년초로 줄기는 기부에서 많이 분지하며 높이는 90cm에 달한다. 소엽은 선형 또는 선상 장타원형으로 길이 15~25mm, 나비 2~5mm이며, 밑 부분은 길이 6~10mm이고 끝이 오목하다. 꽃은 4~6월에 홍자색으로 핀다. **채취시기** | 봄 **압화방법** | 꽃보다는 넝쿨순과 잎을 주로 사용하므로 적당한 길이로 잘라 건조매트에 그대로 건조한다. 열매 또한 건조시켜 작품에 다양하게 사용할 수 있다. 녹색 염색액으로 물올림 염색하면 염색도 잘 되고, 변색도 거의 없는 편이다. 스탠드나 액자작품에 사용하면 좋다. 둥글게 말린 순은 액세서리에도 많이 사용된다.

가막살나무(인동과)

Viburnum dilatatum

분포지역 | 황해, 강원 이남에 자생 **서식장소** | 계곡이나 산기슭의 양지바르고 습기 많은 곳 **생태적 특성** | 낙엽활엽관목으로 꽃은 5~6월에 피며, 꽃받침이 5개로 깊이 갈라진다. 화관은 지름이 5~6mm이며, 수술은 화관보다 길다. **채취시기** | 봄 **압화방법** | 가막살나무꽃은 취산화서로 피기 때문에 꽃 덩이를 그대로 사용하기보다는 꽃송이 하나하나를 떼어내 작품에 사용하는 것이 좋다. 꽃모양도 아주 작고 예뻐서 압화 액세서리를 만들 때 공조팝나무꽃과 함께 많이 쓰이는 꽃이다. 염색하지 않고 흰색 꽃을 그대로 건조하면 색상이 누렇게 변색될 수 있으므로 가능한 한 빨리 수분이 제거되도록 건조매트를 자주 교체한다. 건조기간은 3~5일이다. 흰색보다는 빨강, 노랑, 주황, 파랑, 분홍, 초록 등 물올림 염색을 한 다음 건조하여 사용하는 편이다. 신세대 여성들에게 인기 있는 네일아트와 액세서리 소재로 많이 이용한다.

가막살나무

가시여뀌(여뀌과)

Persicaria dissitiflora

분포지역 | 강원, 경기, 경남북, 충남북 **서식장소** | 응달 **생태적 특성** | 1년초로 줄기는 곧추서고 높이는 1m에 달한다. 잎은 삼각 창 모양으로 길이 3~13cm, 나비 1~7cm이고 끝과 양쪽 귀는 뾰족하다. 꽃은 7~8월에 연한 홍색으로 피며, 가지 끝에서 나온 원추상의 화서에 드문드문 달린다.
압화방법 | 줄기를 적당한 길이로 잘라 건조매트에 그대로 건조한다. 꽃이 너무 핀 것은 건조할 때 꽃잎이 그대로 떨어지는 경우가 많다. 건조기간은 3~5일이다.

각시붓꽃(붓꽃과)

Iris rossii

분포지역 | 한국 각지, 일본, 만주와 중국 **서식장소** | 산지 **생태적 특성** | 다년초로 근경에는 갈색 섬유가 밀생하고 화경은 곧추서며 높이는 5~15cm이다. 잎은 선형이고 꽃이 필 때는 화경과 거의 같으나 꽃이 진 뒤에 30cm 안팎으로 자라며 나비는 2~10mm이다. 꽃은 4~5월에 청자색으로 피는데 화경 끝에 1개가 달리고 소화경은 길이가 8mm 안팎이다. **채취시기** | 봄
압화방법 | 꽃대를 적당한 길이로 잘라 정면 얼굴, 꽃봉오리 등 꽃 표정을 살려 건조매트에 넣어 4~5일 건조한다. 꽃대가 두꺼우면 칼로 줄기에 살짝 금을 긋듯 상처를 내면 빨리 건조된다. 잎은 사포로 뒷면을 문질러서 건조한다. 꽃 색상이 선명하게 잘 나온다.

각시붓꽃

갈퀴나물(콩과)

Vicia amoena

분포지역 | 한국 각지, 동북아시아 **서식장소** | 들 **생태적 특성** | 다년생 덩굴성 식물로, 덩굴손으로 다른 식물체를 감으면서 길이가 180cm쯤 자란다. 잎은 소엽이 10~16개이고, 끝은 2~3개로 갈라진 덩굴손으로 된다. 꽃은 6~9월에 홍자색으로 핀다. **채취시기** | 여름

압화방법 | 꽃, 줄기, 열매, 덩굴손 등을 압화하여 작품에 다양하게 사용할 수 있다. 덩굴은 녹색으로 물올림 염색하면 염색도 잘 되고, 변색도 거의 없는 편이다. 건조매트에 넣어 4~5일 건조한다.

갈퀴덩굴(꼭두서니과)

Vicia spurium var. echinospermon

분포지역 | 한국 각지, 아프리카, 일본, 유럽, 중국, 중앙아시아 **서식장소** | 들
생태적 특성 | 1~2년초로 식물체에 기대서 올라가고 네모지며, 잔가시가 있고 길이는 60~90cm이다. 대부분 잎을 압화하는데, 잎은 6~8개씩 윤생하고 좁은 피침형 또는 넓은 선형으로 길이 1~3cm, 폭은 1.5~4mm이며, 가장자리와 뒷면에 잔가시가 있다.
압화방법 | 줄기를 적당한 길이로 잘라 잎이 겹치지 않게 표정을 잡아 건조매트에 넣고 4~5일 동안 건조한다. 덩굴줄기를 녹색 염색액으로 물올림 염색하면 염색도 잘 되고, 변색도 거의 없어 스탠드나 다양한 작품에 사용한다.

감국(국화과)

Chrysanthemum indicum

분포지역 | 한국 각지, 일본, 중국 **서식장소** | 양지바른 산기슭 **생태적 특성** | 다년초로 30~80cm쯤 자란다. 잎은 호생하고 난상원형으로 길이는 3~5cm, 폭은 2.5~4mm이다. 꽃은 10~11월에 황색으로 피는데, 지름은 2.5cm쯤이고 총포의 길이는 5~6mm이다. 압화하는 부위는 꽃, 잎, 줄기이다.

압화방법 | 줄기까지 하거나 활짝 핀 꽃만 사용한다. 소국 가운데 색이 가장 선명하게 나오고 변색도 심하지 않다. 5~6일 건조한다.

감나무(감나무과)

Diospyros kaki

분포지역 | 한국 각지, 일본, 중국 등 **서식장소 |** 원예용으로 식재, 산

생태적 특성 | 낙엽활엽교목으로 높이 14m에 달하는 목본 식물이다. 꽃은 5~6월에 연한 황색으로 핀다. 압화로 사용하는 부위는 열매인데, 품종에 따라 크기와 모양이 다르다.

압화방법 | 감나무 잎이 두꺼운 편이어서 색상이 잘 나오지 않는 경우가 많지만, 주로 오려서 산이나 풍경소재로 사용하기 때문에 색상은 그다지 문제되지 않는다. 압화로 사용하는 부위는 열매, 단풍든 잎인데, 품종에 따라 크기와 모양이 다르다. 열매는 단단할 때 가로 또는 세로로 잘라서 건조한다. 단풍든 잎은 바탕 또는 콜라주용으로 많이 이용한다. 열매에는 수분이 많기 때문에 2~3mm 두께로 조각내어 신문지 위에서 수분을 어느 정도 증발시킨 후 건조매트에 건조하는 것이 좋다. 매트가 축축해지면 잘 건조된 매트로 3~4회 교체해야 색상이 잘 나온다. 열매는 건조 후에도 반드시 건조제가 들어 있는 봉투에 보관하고, 건조제도 자주 교체해야 변색을 막을 수 있다.

강아지풀(벼과)

Setaria viridis

분포지역 | 한국 각지, 온대에서 난대지역 **서식장소 |** 산기슭과 들 **생태적 특성 |** 1년초로 줄기는 곧추서고 높이는 20~80cm이다. 잎은 선형으로 편평하고 길이 5~20cm, 나비 5~18mm이다. 꽃은 7~8월에 피고 화서는 원주상으로 길이가 3~6cm이다. **채취시기 |** 여름

압화방법 | 줄기를 잘라 건조매트에 배열하여 건조한다. 잎도 압화해두면 좋다. 벼과 식물은 비교적 수분이 적어서 쉽게 건조할 수 있다. 건조기간은 3~4일인데, 꽃이 핀 것은 건조된 후 잘 떨어져 나간다. 그대로 건조하거나 원하는 색상으로 염색해도 좋다. 스탠드나 액자작품에 주로 사용된다.

개나리(물푸레나무과)

Forsythia koreana

분포지역 | 한국 각지, 일본, 중국 **서식장소** | 인가 **생태적 특성** | 낙엽활엽관목으로 3m 안팎으로 자라고 가지 끝이 밑으로 처진다. 잎은 피침 및 장타원형으로 4~10cm, 나비는 1.7~3cm이다. 꽃은 4월에 잎보다 앞서 밝은 황색으로 피고 소화경은 길이가 5~6mm이다. **채취시기** | 봄

압화방법 | 꽃을 건조할 때 쉽게 변색된다. 가지와 함께 건조할 때 가지가 두꺼우면 꽃이 잘 압착되지 않아 쭈그러질 수 있으므로 꽃 배열용지를 두껍게 넣거나 스펀지를 넣는다.

개느삼(콩과)

Echinosophora koreensis

분포지역 | 한국 북부지역 **서식장소** | 개방된 산기슭의 메마른 곳 **생태적 특성** | 낙엽활엽 소관목으로 높이가 1m에 달한다. 잎은 호생하고 소엽은 13~27개이며, 타원형으로 길이는 8~10mm이다. 꽃은 5월에 황색으로 피고 새 가지 끝에 총상화서로 달린다. **채취시기** | 봄

압화방법 | 꽃가지와 함께 건조할 때에는 가지가 두꺼우면 꽃이 잘 압착되지 않아 쭈그러질 수 있으므로 꽃 배열용지를 두껍게 넣거나 스펀지를 넣는다. 가지를 절단하면 잎이 서로 달라붙기 때문에 나무에서 바로 따서 잎의 표정을 잘 맞춰 건조매트에 넣어 압화한다. 매트가 축축해지면 마른 매트로 바꿔준다. 4~5일이면 건조된다.

개망초(국화과)

Erigeron annuus

분포지역 | 북미원산 귀화식물 **서식장소** | 들, 길가 **생태적 특성** | 2년초로 줄기는 곧추서고 30~100cm쯤 자라며, 상부에서 가지가 많이 갈라진다. 잎은 길이 4~15cm, 나비 1.5~3cm쯤 된다. 꽃은 6~7월에 피고 백색 또는 약간 자홍색을 띤다. **채취시기** | 여름

압화방법 | 꽃의 정면 얼굴과 꽃대를 적당한 길이로 잘라 손으로 꽃 표정을 살려 건조매트에 그대로 건조한다. 2~3일이면 건조된다. 활짝 편 꽃을 건조할 때는 꽃잎이 부서지기 쉬우므로 주의해야 한다.

ㄱ 개미취(국화과)

Aster tataricus

분포지역 | 한국, 일본, 중국 북부와 북동부, 몽골, 시베리아
서식장소 | 깊은 산속 습지
생태적 특성 | 줄기는 곧게 서며 뿌리줄기가 짧고, 위쪽에서 가지가 갈라지며 짧은 털이 난다. 뿌리에 달린 잎은 긴 타원형으로 길이 65cm, 나비 13cm로 뭉쳐난다. 줄기에 달린 잎은 좁고 어긋나며 길이 20~30cm, 나비 6~10cm로 끝이 뾰족하고 가장자리에 날카로운 톱니가 있다. 잎자루는 길이 9~20cm이고 위로 올라갈수록 작아진다. 꽃은 7~10월에 연한 자주색 또는 하늘색으로 피는데, 지름 2~3cm의 두상화가 가지와 원줄기 끝에 달린다.
채취시기 | 가을
압화방법 | 꽃은 겹치지 않게 솎아낸다. 꽃을 정면으로 압화할 때에는 줄기에서 잘라 분리한다. 줄기는 세로로 3분의 1쯤 쪼개어 건조매트에 올려놓고 건조한다. 단점은 건조 후 꽃잎이 가늘어져 꽃모양이 그다지 예쁘지 않고, 압화 후에도 변색이 잘 되는 것이다.

개밀 (벼과)

Agropyron tsukusinense

분포지역 | 한국 각지, 일본, 중국, 길가 **서식장소** | 들, 길가 **생태적 특성** | 다년초로 줄기는 모여 나고 높이는 40~100cm이다. 잎은 선형으로 길이는 20~30cm, 나비 5~10mm이다. 꽃은 6~7월에 피고 수상화서로 달리며 화서 길이는 15~25cm로 활같이 드리운다.

압화방법 | 별다른 처리 없이도 건조가 잘 되는 편이고, 주로 풍경작품에 사용한다. 녹색 물올림 염색을 해도 좋다. 건조매트에 넣어 4~5일이면 건조된다.

개불알풀 (현삼과)

Veronica didyma var. lilacina

분포지역 | 한국, 대만, 일본, 중국 **서식장소 |** 둑이나 길가 **생태적 특성 |** 1~2년 초로 줄기는 밑에서부터 가지가 갈라져 옆으로 자라거나 비스듬히 서며 길이는 10~25cm쯤이다. 잎은 깊이와 나비가 각각 4~11mm이고, 끝이 둔한 2~3쌍의 톱니가 있다. 꽃은 5~6월에 연한 홍백색으로 피고 홍자색 줄이 있다. 소화경의 길이는 3~7mm이다. **채취시기 |** 봄

압화방법 | 줄기에서 잘라 그대로 건조매트에 압화한다. 압화할 때 꽃목을 구부려 꽃이 정면을 향하게 방향을 잡으면 이용하기 좋다. 줄기, 꽃, 잎을 함께 건조하거나 꽃만 건조하는데, 청색이 그대로 나온다. 건조기간은 3~4일이다.

계뇨등(꼭두서니과)

Paederia scandens

분포지역 | 한국 각지, 일본, 중국, 필리핀 **서식장소** | 산기슭 양지나 물가 **생태적 특성** | 다년생식물로 길이는 5~7m이고, 윗부분은 겨울 동안에 죽으며 어린가지에 다소 잔털이 있고 구린내가 난다. 꽃은 7~9월에 백색으로 피는데, 자주색 반점이 있으며, 내면은 자색이다. 흔한 식물로 소재 채집이 쉬우며, 압화 소재로 사용하는 부위는 꽃과 줄기이다. **채취시기** | 여름

압화방법 | 꽃모양이 특이하고, 색상도 회색빛으로 독특하다. 그래서 밤 풍경이나 겨울 풍경 작품에 주로 사용한다. 줄기는 휘게 한 다음 건조하는 것이 좋으며, 건조기간은 5~6일이다.

고마리(여뀌과)

Persicaria thunbergii

분포지역 | 한국 각지, 중국 등 **서식장소** | 도랑이나 물가
생태적 특성 | 1년초로 줄기의 밑 부분은 땅을 기며 마디에서 뿌리를 내리고, 상부는 곧추서며 높이는 30~70cm쯤이다. 잎은 창검 모양으로 길이 4~7cm, 나비 3~7cm이다. 꽃은 8~9월에 가지 끝에서 달리며, 화피는 홍자색이고 하부는 백색이다. **채취시기** | 여름
압화방법 | 꽃의 뒷면은 2분의 1쯤 자르고, 줄기는 칼로 긁은 후 건조매트에 건조한다.

고비 (고비과)

Osmunda japonica

분포지역 | 황해도 이남, 인도, 일본, 중국, 필리핀 **서식장소** | 산지의 숲 속, 냇가 **생태적 특성** | 다년초로 주먹 같은 근경에 많은 잎이 총생하며, 높이는 60~100cm이다. 어린잎은 용수철같이 말려 백색 솜털 모자를 썼으며, 자람과 동시에 벗겨진다. **채취시기** | 봄~가을 **압화방법** | 압화로 많이 사용하는 부위는 둥글게 말린 어린순이다. 모양이 독특하여 추상 작품에 많이 사용한다. 세로로 2분의 1 또는 3분의 1쯤 나누어 건조매트에 배열하여 건조한다. 녹색으로 염색하여 많이 이용하며, 건조기간은 6~7일이다.

고사리(고사리과)

Pteridium aquilinum var. *latiusculum*

분포지역 | 한국 각지, 북반구 **서식장소** | 산과 들의 양지바른 곳 **생태적 특성** | 다년초로 굵은 근경은 땅속 깊이 옆으로 뻗으며 군데군데 잎이 나온다. 잎은 높이가 1.5m에 달하고 엽병은 20~80cm이다. **채취시기** | 봄~가을

압화방법 | 어린순과 잎을 주로 압화한다. 별다른 처리를 하지 않고 건조해도 색상이나 질감이 좋은 편이다. 염색이 잘 되지 않아 착색하여 사용한다. 늦가을 누렇게 변한 잎은 가을 풍경 소재로 사용하거나 형인작에서 머리카락 표현에 많이 사용한다.

ㄱ

곰취(국화과)

Ligularia fischeri

분포지역 | 한국 각지, 사할린, 몽골, 일본 서식장소 | 깊은 산 생태적 특성 | 대형의 다년초로 근경은 굵고 줄기는 1~2m쯤 자란다. 잎은 심장형으로 길이 32cm, 나비 45cm쯤 된다. 꽃은 7~9월에 황색으로 피고 지름 4~5cm의 두화가 총상화서로 달리며, 화서는 길이 75cm에 달하는데 하부에서부터 핀다. 설상화는 5~9개로 길이가 2.5cm쯤이다. 채취시기 | 여름

압화방법 | 별다른 처리를 하지 않아도 색상이나 질감이 좋은 편이다. 꽃대와 함께 건조할 때 꽃이 윗부분에 뭉치로 달리므로 서로 겹치는 부분을 따내어 얼굴 표정을 살려 건조한다. 건조매트에서 4~5일이면 건조된다.

공조팝나무(장미과)

Spiraea cantoniensis

분포지역 | 중국 원산 서식장소 | 관상용으로 식재 생태적 특성 | 낙엽활엽관목으로 높이는 1~2m쯤 자라고 가지 끝이 다소 처진다. 꽃은 4~5월에 잎과 같이 피고 흰색이며 가지 끝에 우산 모양으로 배열하여 작은 공을 쪼개 나열한 것 같다. 소화경은 길이가 1~1.5cm, 꽃받침 조각은 5개로 삼각형, 꽃잎은 5개로 원형이다. 채취시기 | 봄

압화방법 | 꽃 덩어리째 건조하거나 꽃을 한 송이씩 따서 건조한다. 염색한 꽃을 주로 사용하는데, 빨강, 노랑, 주황, 파랑, 분홍, 초록 등의 염료에 물올림 염색하여 건조한다. 흰색 꽃을 그대로 건조할 때는 색상이 누렇게 될 수 있으므로 건조매트를 자주 교체한다. 건조에는 4~5일 걸린다. 낱개로 말린 꽃은 꽃모양도 아주 작고 예뻐서 특히 압화 액세서리 만들 때 가장 많이 쓰이며, 네일아트 소재로도 많이 사용한다. 덩이로 말린 꽃은 주로 풍경 소재로 사용한다.

곰취

035

과꽃(국화과)

Callistephus chinensis

분포지역 | 함남북, 만주, 몽골, 중국
서식장소 | 산, 원예종은 식재
생태적 특성 | 1년초로 30~60cm쯤 자란다. 꽃은 7~9월에 남자색으로 핀다. 압화에 주로 사용하는 부위는 꽃과 줄기이며, 소재의 길이는 5~12cm, 폭은 2~3cm 이다.

압화방법 | 과꽃은 수분이 많으므로 건조할 때 건조매트를 자주 갈아주어야 선명한 색상을 유지할 수 있다. 꽃이 싱싱할 때 바로 누르면 수술이 부서져 꽃모양이 흐트러지기 때문에 바로 건조하기보다는 꽃가지를 절지하여 1~2시간쯤 그대로 놓아 꽃의 힘이 없어지면 그때 눌러 건조한다. 과꽃은 절화시장에서 다양한 색상이 판매되므로 구입하여 건조하는 것이 좋다. 건조기간은 5~7일이며, 건조 후에도 실리카겔을 넣어 보관해야 변색되지 않는다.

광대나물(꿀풀과)

Lamium amplexicaule

분포지역 | 동북 및 중앙아시아, 아프리카, 유럽 **서식장소** | 들, 길가 **생태적 특성** | 1~2년초로 줄기는 네모지고 밑에서 가지가 많이 갈라진다. 자줏빛이 돌며 높이는 10~30cm이다. 잎은 원심형으로 길이와 나비가 1~2cm이다. 꽃은 4~5월에 홍자색으로 핀다. **채취시기** | 봄

압화방법 | 꽃대를 적당한 길이로 잘라 꽃모양이 서로 겹치지 않게 손으로 살짝 눌러 표정을 잡아 건조한다. 건조매트에 넣어 3~4일이면 건조된다.

광대수염(꿀풀과)

Lamium album var. *barbatum*

분포지역 | 한국 각지, 사할린, 일본, 중국 **서식장소** | 산과 들 **생태적 특성** | 다년초로 줄기는 총생하고 곧추서며 높이는 30~60cm쯤 자란다. 잎은 난형으로 길이 5~10cm, 나비 3~8cm이고 엽병은 길이 1~5cm이다. 꽃은 5월에 연한 홍색 또는 백색으로 피며, 꽃받침은 길이가 13~18mm이다. **채취시기** | 봄 **압화방법** | 꽃, 줄기, 잎을 함께 건조하는 것이 좋다. 줄기가 너무 두꺼우면 절반으로 나누어 꽃 표정을 고려하여 건조매트에 4~5일 두면 건조된다. 꽃대에 꽃이 너무 많이 달렸거나 겹쳐질 때는 꽃을 솎아내고, 크림색 꽃만 따로 따서 건조한 후 작품을 만들 때 조립하여 사용하기도 한다.

괭이밥(괭이밥과)

Oxalis cornicutata

분포지역 | 아시아, 북미, 북아프리카, 유럽 **서식장소** | 밭이나 길가 **생태적 특성** | 다년초로 줄기는 땅위로 뻗거나 비스듬히 자라고 가지가 많이 갈라지며, 길이는 10~30cm이다. 잎은 긴 엽병 끝에 3개의 소엽이 옆으로 퍼지나 광선이 없을 때는 수축된다. 꽃은 7~8월에 황색으로 피고 긴 화경이 나와 끝에 1~8개의 꽃이 핀다. **채취시기** | 봄

압화방법 | 꽃대, 잎을 적당한 길이로 잘라 손으로 꽃 표정을 살려 건조매트에 그대로 건조하면, 색상이 선명하게 잘 나오고, 건조기간도 2~3일이면 된다. 열매는 칼로 상처를 내어 압화하면 좋다.

구절초(국화과)

Chrysanthemum zawadskii var. *latilobum*

분포지역 | 한국 각지, 일본, 중국 **서식장소 |** 주로 산기슭의 풀밭 **생태적 특성 |** 다년초로 근경은 옆으로 길게 뻗으면서 번식하고 줄기는 곧추서며 높이는 50cm 안팎이나 때로는 1m에 달한다. 꽃은 8~11월에 백색 또는 연한 홍색으로 피고, 줄기와 가지 끝에 1개씩 달리며, 지름이 8cm에 달한다. 압화에 사용하는 부위는 꽃과 줄기이다. **채취시기 |** 가을

압화방법 | 수분이 많은 꽃이므로 건조매트를 자주 갈아주어야 선명한 색상을 유지할 수 있다. 건조기간은 5~7일이다. 꽃이 싱싱할 때 바로 누르면 수술이 부서져 꽃모양이 흐트러지기 때문에 바로 건조하기보다는 꽃가지를 절지하여 1~2시간 그대로 놓아 꽃의 힘이 없어졌을 때 눌러 건조한다. 색깔은 분홍색과 흰색이 있는데, 대부분 염색하지 않고 사용하는 편이지만 분홍·빨강·보라 등 염색도 잘 되는 편이라서 원하는 색으로 염색해 사용해도 좋다.

국수나무 (장미과)

Stephanandra incisa

분포지역 | 한국 각지 **서식장소** | 산 **생태적 특성** | 낙엽활엽관목으로 줄기는 총생하며, 높이는 1~2m쯤 자란다. 잎은 넓은 계란형으로 길이 2~6cm, 폭 2~3.5cm이다. 꽃은 5~6월에 백색으로 피며 새 가지 끝에 원추화서로 달린다.

압화방법 | 압화에는 주로 잎을 사용한다. 꽃은 흰색이어서 건조할 때 누렇게 될 염려가 있으므로, 원하는 색상으로 염색해 사용해도 무방하다. 꽃보다는 잎 모양이 예뻐서 잎을 주로 사용하는데, 적색이나 녹색으로 염색해서 스탠드나 다양한 작품에 변색 없이 사용할 수 있다.

금꿩의다리 (미나리아재비과)

Thalictrum rochebrunianum

분포지역 | 중부 이북 **서식장소 |** 산 **생태적 특성 |** 다년초로 줄기는 장대하며, 높이는 1.2~2.4m까지 자라고, 보통 자색을 띤다. 작은 잎은 다소 가죽질이며 난형이고 밑은 둥글거나 다소 심형이다. 꽃은 7~8월에 엷은 자색으로 피는데, 꽃잎은 없고 꽃받침 조각은 4개로 타원형이다. 흔한 식물로 채집이 쉬운 편이다.

압화방법 | 건조할 때 매트에 수분이 많으면 황금색 꽃이 거무스름해지기 때문에 건조매트를 자주 갈아주어 색상이 선명하게 건조해야 한다. 건조기간은 3~4일이며, 색상이 잘 나오는 편이다.

금낭화(양귀비과)

Dicentra spectabilis

분포지역 | 한국 각지, 일본, 중국 **서식장소** | 산, 관상용으로 식재 **생태적 특성** | 다년초로 높이는 40~80cm까지 자라고 분백이며 줄기가 연질이다. 잎은 길이가 3~6cm이며 3~5개로 깊게 또는 완전히 갈라진다. 꽃은 5~6월에 엷은 홍색으로 피는데, 꽃받침은 2개로 피침형이다. 꽃잎은 4개로 모여서 편평한 심장형이고, 외측 2개의 기부에 주머니 같은 포가 있다. **채취시기** | 봄
압화방법 | 꽃이 달린 꽃대를 많이 이용하는데, 꽃이 달린 줄기를 적당한 길이로 잘라 건조한다. 금낭화는 꽃만 따기도 하고, 꽃과 줄기를 함께 건조할 때는 꽃이 서로 겹치지 않게 정리하여 꽃의 표정을 잡아 매트에 건조한다. 줄기가 두꺼우면 칼로 살짝 금을 긋듯 상처를 내면 수분이 빨리 제거되어 색상이 선명하게 건조된다. 줄기를 절반으로 나누어 건조해도 되지만, 완전히 건조되었을 때 줄기가 얇아져 꽃 배열용지에 달라붙어 뜯어내기 어려울 수도 있으므로 너무 얇게 절단되지 않게 주의한다. 줄기에 수분이 많은 편이어서 매트를 자주 갈아주어야 하며, 건조매트에 넣어 4~7일 건조한다. 잎은 얇아서 건조가 잘 되는 편이나, 수분이 많은 꽃대와 함께 건조하기보다 잎만 따로 압화하는 것이 좋다. 쉽게 변색되는 편이다.

금불초(국화과)

Inula britannica var. *japonica*

분포지역 | 한국 각지, 일본, 중국 **서식장소** | 습지나 물가 **생태적 특성** | 다년초로 근경이 뻗으면서 번식하고, 줄기는 곧추서며, 높이는 20~60cm쯤 자란다. 꽃은 6~8월에 황색으로 피는데, 지름은 4cm쯤이다. 압화 소재로는 꽃을 많이 이용하는데, 대량 번식과 재배가 가능해 채집이 쉬운 편이다. **채취시기** | 여름

압화방법 | 활짝 핀 꽃을 누르면 꽃이 부서질 수 있고 꽃잎이 말릴 수 있으므로, 싱싱한 꽃을 바로 건조하는 것이 좋다. 건조기간은 3~5일 걸린다.

금붓꽃 (붓꽃과)

Iris minutiaurea

분포지역 | 제주를 제외한 한국 각지, 만주 **서식장소 |** 산 **생태적 특성 |** 다년초로 근경은 옆으로 뻗고 황색으로 단단하다. 수염뿌리는 황백색이고 화경은 곧추서며 높이는 3~9cm이다. 잎은 좁은 선형으로 길이는 11~26cm, 폭은 5~9mm이며 끝은 점점 좁아진다. 꽃은 4~5월에 황색으로 피고, 지름은 2~4cm이다. **채취시기 |** 봄

압화방법 | 봉오리 상태, 활짝 핀 상태의 표정을 살리고 잎과 함께 건조한다. 줄기가 두꺼우면 칼로 뒷부분에 금을 그어 수분이 빨리 증발되게 한다. 건조에는 4~6일이 걸린다.

금창초 (꿀풀과)

Ajuga decumbens

분포지역 | 한국 각지, 중국, 일본 **서식장소** | 산기슭 **생태적 특성** | 다년초로 근경은 짧고 줄기는 사방으로 나서 땅위를 기나 마디에서 뿌리는 내리지 않으며 높이는 5~15cm쯤이다. 근엽은 길이 4~6cm, 나비 1~2cm이며, 경엽은 장타원형으로 길이는 1.5~3cm이다. 꽃은 5~6월에 짙은 자색으로 핀다. **채취시기** | 여름
압화방법 | 꽃이 달린 줄기를 적당한 길이로 잘라 잎이 겹치지 않게 표정을 잡은 뒤 건조매트에 넣고 4~5일이면 건조된다.

기린초(돌나물과)

Sedum kamtschaticum

분포지역 | 한국 각지, 일본, 만주, 캄차카 반도 **서식장소** | 산의 바위 위 **생태적 특성** | 다년초로 산과 들의 바위 위에서 잘 자라며 줄기는 5~30cm쯤 자란다. 잎은 길이 2~4cm, 폭 1~2cm이다. 꽃은 6~7월에 황색으로 핀다.

압화방법 | 다육식물로 식물체 내에 수분이 많아 건조하기 어려운 편이다. 끓는 물에 30초쯤 담근 다음 찬물에 헹구고 수건으로 물기를 닦은 뒤 건조매트에 넣어 건조한다. 건조에는 4~6일 걸린다.

긴산꼬리풀(현삼과)

Veronica longifolia

분포지역 | 한국, 만주
서식장소 | 산
생태적 특성 | 다년초로 줄기는 곧추서고 높이는 1m 이상에 달한다. 잎은 장타원형 또는 피침형으로 중앙부의 것은 길이 11cm, 나비 2.2cm이다. 꽃은 7~8월에 하늘색으로 피고 줄기 끝에 총상화서로 달린다.
채취시기 | 여름
압화방법 | 꽃대를 적당한 길이로 잘라 건조매트에 넣어 4~5일이면 선명한 색상 그대로 건조된다.

까치수염 (앵초과)

Lysimachia barystachys

분포지역 | 한국 각지, 일본, 중국
서식장소 | 산과 들 **생태적 특성** | 다년초로 지하경이 퍼지고 줄기는 곧추선다. 밑 부분은 붉은 빛이 돌고, 높이는 30~100cm쯤 자라며, 전체에 잔털이 있다. 꽃은 6~8월에 백색으로 핀다. 줄기 끝에 꼬리처럼 옆은 굽은 화서에서 총상으로 빽빽이 달리며 소화경은 길이가 4~7mm쯤이다.

압화방법 | 흰색의 작은 꽃이 길게 달린 꽃대를 적당한 길이로 자른 뒤 꽃이 너무 많이 겹치면 적당히 솎아내고 작은 꽃의 표정을 살려 길게 압화하기도 하고, 작은 꽃만을 따서 정면 얼굴을 살려 압화하기도 한다. 흰색 꽃을 사용하기도 하지만 염색한 꽃을 주로 사용하는 편이다. 빨강, 노랑, 주황, 파랑, 분홍, 초록 등의 염료에 물올림 염색하여 꽃을 낱개로 건조한다. 흰색 꽃을 염색하지 않고 그대로 건조할 때 흰색 꽃의 색상이 누렇게 변색될 수 있으므로 가능한 한 빨리 수분을 제거할 수 있게 건조매트를 자주 교체한다. 건조에는 4~5일 걸린다. 낱개로 말린 꽃은 꽃 모양도 아주 작고 예뻐서 특히 압화 액세서리, 네일아트 소재로 많이 사용한다. 길게 말린 꽃대는 풍경 소재로 주로 사용한다.

꼬리조팝나무(장미과)

Spiraea salicifolia

분포지역 | 한국, 만주, 몽골, 일본 **서식장소** | 산골짜기, 습지 **생태적 특성** | 낙엽활엽관목으로 줄기는 총생하고 높이는 1~2m쯤 자란다. 잎은 피침형으로 길이 4~8cm, 나비 1.5~2cm이다. 꽃은 6~8월에 엷은 홍색으로 피고 줄기 끝에 원추화서로 달린다. 꽃잎은 5개로 원형인데, 수술이 많고 꽃잎보다 2배 길다. **채취시기** | 여름

압화방법 | 꽃대에 꽃이 너무 많이 달려 있으므로, 적당히 정리하여 가지째 말리기도 하고, 분홍색으로 염색해서 작은 꽃잎 하나하나를 따서 말려 액세서리 작품에 사용하기도 한다. 염색하지 않은 꽃은 쉽게 변색된다. 꽃대로 길게 건조하는 데는 건조매트에 넣어 4~6일 걸린다.

꼭두서니(꼭두서니과)

Rubia akane

분포지역 | 한국 각지, 대만, 일본 **서식장소** | 산야 **생태적 특성** | 덩굴성 다년초로 줄기는 네모지며 1m쯤 자란다. 잎은 4개씩 윤생하는데 난심형 또는 장란형으로 길이 3~7cm, 나비 1~3cm이다. 꽃은 7~8월에 연한 황색으로 피고, 화관은 지름이 3.5~4mm이다. **채취시기** | 가을

압화방법 | 꽃을 잘라 나누고 두꺼운 꽃은 솎아낸다. 줄기는 세로방향으로 3분의 1쯤 남기고 칼로 잘라 건조매트에 배열하여 건조한다. 솎아낸 꽃도 건조한다. 꽃이 너무 작아서 꽃보다는 덩굴성 잎을 주로 사용한다.

꽃다지(십자화과)

Draba nemorosa

분포지역 | 한국 각지, 북반구 온대
서식장소 | 야산
생태적 특성 | 2년초로 높이는 15~30cm쯤 자란다. 잎은 장타원형으로 길이 2~4cm, 나비 8~15mm이다. 꽃은 4~6월에 황색으로 피고, 소화경은 길이가 1~2cm이다.
압화방법 | 꽃대를 적당한 길이로 잘라 건조매트에 넣어 3~4일이면 색상이 선명하게 그대로 건조된다.

꽃며느리밥풀꽃(현삼과)

Melampyrum roseum

분포지역 | 한국 각지, 일본, 중국
서식장소 | 산기슭
생태적 특성 | 1년초로 줄기는 곧추서고 30~50cm쯤 자란다. 꽃은 7~8월에 홍자색으로 피고 수상화서로 달린다. 꽃받침은 통상 순형인데, 길이는 15~20mm쯤 된다.
압화방법 | 꽃대를 적당한 길이로 잘라 꽃이 겹치지 않게 표정을 살려 건조매트에 넣어 4~5일 건조한다. 매트가 축축한데도 갈아주지 않으면 꽃이나 잎의 색상이 검게 나온다.

꽃며느리밥풀꽃

꽃향유(꿀풀과)

Elsholizia splendens

분포지역 | 한국 각지, 만주 **서식장소** | 야산 **생태적 특성** | 1년초로 줄기는 곧추서고 네모지며 가지를 많이 치고 자색을 띤다. 높이는 30~60cm이고 향기가 강하다. 꽃은 9~10월에 홍자색으로 피고 줄기와 가지 끝에 수상으로 달리며 한쪽으로 치우쳐 빽빽이 난다. **채취시기** | 가을
압화방법 | 꽃대를 적당한 길이로 잘라 건조매트에 넣어 4~5일이면 선명한 색상 그대로 건조된다.

꽃황새냉이(십자화과)

Cardamine amaraeformis

분포지역 | 한국 각지, 만주 **서식장소** | 산지의 물가 **생태적 특성** | 2년초로 곧추서며 20cm쯤 자란다. 근엽에는 큰 톱니가 있으며, 줄기와 잎은 3~7개의 소엽으로 갈라지는데, 소엽은 피침형으로 가장자리에 톱니가 있다. 꽃은 5~7월에 백색 또는 홍자색으로 피고 꽃받침은 4개이다. **채취시기** | 여름
압화방법 | 꽃대를 적당한 길이로 잘라 건조매트에 넣어 3~4일이면 색상이 선명하게 그대로 건조된다.

꿀풀 (꿀풀과)

Prunella vulgaris

분포지역 | 한국 각지, 일본, 중국
서식장소 | 산기슭과 들
생태적 특성 | 다년초로 줄기는 네모지고 높이는 10~30cm이다. 전체에 흰색 털이 있고 꽃이 진 다음에 밑에서 짧은 곁가지를 낸다. 꽃은 5~7월에 적자색으로 피고, 줄기 끝에 수상화서로 달리며, 화수는 길이가 3~8cm이다.
압화방법 | 꽃대를 적당한 길이로 잘라 건조매트에 넣어 3~4일 건조한다. 꽃대가 두꺼우면 칼로 뒷부분에 금을 그어 수분이 빨리 증발되게 한다. 꽃에 꿀이 많기 때문에 중간에 매트를 자주 갈아주어야 한다. 그렇지 않으면 꽃이 검게 되는 경향이 있다.

꿩의다리(미나리아재비과)

Thalictrum aquilegifolium var. *sibiricum*

분포지역 | 한국 각지, 북온대와 아한대
서식장소 | 산지
생태적 특성 | 다년초로 줄기는 곧추서고 분지하며 높이는 50~100cm쯤 자란다. 잎은 길이가 1.5~3.5cm, 나비가 1~3cm이고 3~4개로 갈라지며 끝이 둥글다. 꽃은 7~8월에 백색 또는 홍색으로 피며 줄기 끝에 산방화서로 달린다.
채취시기 | 여름
압화방법 | 꽃대를 적당한 길이로 잘라 꽃의 표정을 살려 압화한다. 건조기간은 3~4일이다. 잎은 색상이 잘 나오는 편이다.

pressed flower

ㄴ

낭아초 | 냉이 | 넉줄고사리 | 노랑꽃창포 | 노루귀 | 노루발풀 | 노루오줌 | 노린재나무 | 누리장나무 | 눈갯버들 | 눈괴불주머니

낭아초 (콩과)

Indigofera pseudo-tinctoria

분포지역 | 제주, 경남, 전북 일대, 일본, 중국 **서식장소** | 해안지대 **생태적 특성** | 낙엽활엽 반 관목으로 높이 0.5~2m이고 가지가 많이 갈라져서 옆으로 자라며 작은 가지에 복모가 있다. 꽃은 7~8월에 연한 홍색으로 핀다.

압화방법 | 꽃이 달린 줄기를 적당한 길이로 잘라 잎이 겹치지 않게 표정을 잡은 뒤 건조매트에 넣고 3~4일이면 건조된다. 핀 지 오래된 꽃은 건조 후 꽃이나 잎이 잘 떨어지는 경향이 있다.

냉이 (십자화과)

Capsella bursa-pastoris

분포지역 | 한국 각지, 전 세계 **서식장소** | 야산과 들
생태적 특성 | 2년초로 높이는 10~50cm이다. 가지를 치고 전체에 털이 있으며 뿌리는 곧고 백색이다. 근생엽은 총생하여 땅 위로 퍼지며 길이가 10cm 이상이고 치아 모양의 톱니가 있다. 꽃은 5~6월에 백색으로 핀다. **채취시기** | 봄
압화방법 | 꽃대를 적당한 길이로 잘라 건조매트에 넣어 3~4일이면 색상이 선명하게 그대로 건조된다. 다닥냉이는 꽃보다 씨가 맺힌 줄기를 주로 사용한다.

넉줄고사리 (넉줄고사리과)

Davallia mariesii

분포지역 | 황해 이남, 일본, 중국 **서식장소** | 산지의 바위나 수간 **생태적 특성** | 다년초로 굵은 근경이 옆으로 길게 뻗으며 끝부분은 엷은 갈색이나 나머지는 흑갈색이다. 잎은 드문드문 나고 엽병은 길이 5~15cm로 떨어지기 쉽다. 인편이 드문드문 나며 엽신은 삼각형 난형으로 길이 10~20cm, 나비 8~15cm이다. **채취시기** | 봄~가을

압화방법 | 잎이 사철 푸르러 연중 압화할 수 있고, 별다른 처리를 하지 않고 건조해도 색상이나 질감이 좋은 편이다. 염색이 잘 되지 않으므로 착색하여 사용하기도 하고, 액세서리용 소재나 풍경 소재로 많이 사용된다.

노랑꽃창포(붓꽃과)

Iris pseudoacorus

분포지역 | 유럽 원산 **서식장소** | 연못 등 습지에 식재 **생태적 특성** | 다년초로 근경은 짧고 화경은 곧추선다. 가지는 갈라지며 60~100cm쯤 자란다. 잎은 칼 모양으로 길이 60~100cm, 나비 2~3cm이다. 꽃은 5~6월에 밝은 황색으로 피고, 가지 끝에 2~4개의 포가 2~3개의 꽃을 감싼다. 꽃의 지름은 5.7~10cm 이다. **채취시기** | 여름

압화방법 | 꽃대를 적당한 길이로 잘라 정면 얼굴, 꽃봉오리 등 꽃 표정을 살려 건조매트에 넣어 4~6일 건조한다. 꽃대가 두꺼우면 칼로 금을 긋듯 줄기에 상처를 내면 빨리 건조된다. 꽃 색상은 선명하게 잘 나오지만, 잎이 두꺼워 누렇게 건조될 수 있으므로 미세한 사포로 잎 뒷부분에 상처를 내어 수분이 빨리 증발되게 한다.

노루귀(미나리아재비과)

Hepatica asiatica

분포지역 | 한국 각지, 만주 **서식장소** | 산지의 숲 속 **생태적 특성** | 다년초로 근경은 비스듬히 자라고 많은 마디에서 잔뿌리를 낸다. 잎은 뿌리에서 총생하고, 이른 봄에 잎이 나올 때는 말려서 나오며 털이 나온 모습이 마치 노루귀같이 독특하다. **채취시기** | 봄

압화방법 | 노루귀는 꽃이 진 뒤에 잎이 나오기 때문에 꽃을 먼저 채집하여 압화한다. 수분이 적기 때문에 꽃이나 잎을 매트에 넣어 2~3일이면 건조된다. 변색 정도는 보통인 편이다.

노루발풀(노루발과)

Pyrola japonica

분포지역 | 한국 각지, 대만, 만주, 일본 **서식장소 |** 산지의 숲속 **생태적 특성 |** 상록다년초로 근경은 옆으로 뻗으며 높이는 15~30cm이다. 잎은 1~8개가 뿌리에서 총생하며 넓은 타원형으로 길이 4~7cm, 나비 2.5~4.5cm이다. 꽃은 6~7월에 백색으로 피고 총상화서로 5~12개의 꽃이 하향해 달린다. **채취시기 |** 여름 **압화방법 |** 꽃은 낱개로 건조하거나 꽃대를 잘라 뒷면의 겹치는 꽃을 떼고 줄기 뒷면을 칼로 긁은 다음 건조한다. 꽃이 흰색이므로 색상이 선명하게 건조하려면 중간에 매트를 바꾸어준다. 3~4일이면 건조된다.

노루오줌(범의귀과)

Astilbe rubra

분포지역 | 한국 각지, 일본, 중국
서식장소 | 산지
생태적 특성 | 다년초로 높이는 30~70cm이고 갈색 털이 있으며, 근경은 굵고 짧게 옆으로 뻗는다. 꽃은 7~8월에 홍자색으로 피며, 줄기 끝에 30cm쯤의 원추화서에 많은 꽃이 달리는데, 꽃받침은 5개이다.
채취시기 | 여름
압화방법 | 꽃대를 적당한 길이로 잘라 건조매트에 넣어 4~5일이면 건조된다. 연분홍색이 많아 변색이 잘 되는 편이므로 건조하기 전에 분홍색 물올림 염색을 하는 것도 좋다.

노린재나무(노린재나무과)
Symplocos chinensis var. *leucocarpa*

분포지역 | 한국 각지, 일본, 중국 **서식장소** | 산지의 숲 속 **생태적 특성** | 낙엽 활엽관목 또는 소교목이다. 꽃은 5월에 백색으로 피고 향기가 있으며, 새 가지 끝에 원추화서로 달린다. **채취시기** | 봄

압화방법 | 압화로 사용하는 부위는 꽃이다. 색은 염색하지 않은 흰색에서부터 염색한 빨강, 노랑, 파랑 등 다양하며, 변색 정도는 보통인 편이다. 흰색 꽃이 달린 가지째 건조하기도 하고 꽃을 한 송이씩 따서 건조하기도 한다. 가지째 건조할 때는 꽃이 너무 달려 겹치므로 꽃이나 잎을 적당히 정리하여 사용한다. 흰색 꽃을 사용하기도 하지만 염색 꽃을 주로 사용하는 편이다. 빨강, 노랑, 주황, 파랑, 분홍, 초록 등의 염료에 물올림 염색하여 건조매트에 넣어 3~4일 건조한다. 낱개로 말린 꽃은 꽃 모양도 아주 작고 예뻐서 특히 압화 액세서리, 네일아트 소재로 많이 사용된다. 가지째 말린 꽃은 스탠드나 풍경 소재로 많이 사용된다.

누리장나무(마편초과)

Clerodendron trichotomum

분포지역 | 강원, 황해 이남, 대만, 일본, 중국 **서식장소 |** 산기슭이나 골짜기 **생태적 특성 |** 낙엽활엽 관목으로 높이는 2m에 달하고 수피는 회색이다. 꽃은 8~9월에 백색으로 피며, 꽃받침은 홍색이 돌고 5개로 깊게 갈라진다. 압화로 사용하는 부위는 꽃인데, 길이는 2~4cm이고, 폭은 1~2cm이다. **채취시기 |** 여름

압화방법 | 꽃을 한 송이씩 따서 건조하기도 하고 몇 개가 달린 가지를 함께 건조하기도 한다. 꽃색이 연한 색상이어서 잘 변하므로 분홍이나 적색으로 물올림 염색해 사용해도 좋다. 잎은 진녹색이지만 수분이 많아 매트가 축축하면 검게 변색되기도 하므로 중간에 매트를 갈아주면서 4~5일이면 건조된다.

눈갯버들 (버드나무과)

Salix graciliglans

분포지역 | 제주도를 제외한 한국 각지, 일본 **서식장소 |** 들이나 물가 **생태적 특성 |** 낙엽활엽관목으로 가지가 많이 갈라져 지표면 가까이 퍼진다. 잎은 길이 5~10cm, 나비 5~30mm로 끝이 뾰족하다. 꽃은 4월에 핀다. 포는 장타원형으로 기부에만 긴 백모가 밀생한다. **채취시기 |** 봄
압화방법 | 갯버들만을 따서 건조매트에 넣어 2~3일 건조한다. 부드러운 버들로 강아지, 벌레 등 형인작품에 주로 사용한다.

눈괴불주머니(양귀비과)

분포지역 | 한국 각지, 일본, 중국
서식장소 | 산지의 습지
생태적 특성 | 2년초로 산지의 습지에 자라며, 전체에 백분색이 돌고 연약하며 줄기는 가지가 많고 1m 이상까지 자란다. 꽃은 7~9월에 엷은 황색으로 피며 가지와 줄기 끝에 총상화서로 달린다.
압화방법 | 꽃대를 적당한 길이로 잘라 꽃이 서로 겹치지 않게 표정을 잡은 뒤 건조매트에 넣어 4~5일이면 선명한 색상으로 건조된다.

pressed flower

ㄷ

다닥냉이 | 다복쑥 | 단풍나무 | 닭의장풀 | 담쟁이덩굴 | 도라지 | 독말풀 | 돌단풍 | 동백나무 | 동의나물 | 동자꽃 | 등갈퀴나물 | 등골나물 | 등나무 | 등대시호 | 땅비싸리 | 떡갈나무 | 떡쑥

다닥냉이 (십자화과)

Lepidium apetalum

분포지역 | 한국 각지, 중국, 중앙아시아 **서식장소** | 들 **생태적 특성** | 2년초로 높이는 30~60cm쯤 자라며 상부에서 분지한다. 경엽은 선형으로 길이 1.5~5cm, 나비 2~10mm쯤이다. **채취시기** | 봄

압화방법 | 줄기를 적당한 크기로 잘라 건조매트에 그대로 건조한다. 줄기가 두꺼우면 칼로 줄기 부분을 살짝 상처 내어 건조하면 수분증발이 빨라 색상이 더욱 선명하게 건조된다. 하트형 씨앗도 건조해서 하나씩 뜯어 사용하기도 한다.

다복쑥(국화과)

Artemisia capillaris

분포지역 |한국 각지, 대만, 일본, 중국, 필리핀 **서식장소** |냇가나 해안의 모래 땅 **생태적 특성** | '사철쑥' 이라고도 하는 국화과의 다년초로 줄기는 곧추서고 높이는 30~100cm쯤 자란다. 기부는 목질화하고 가지가 많이 갈라지며 강가나 개울 부근에서 흔히 나는 식물이다. 꽃은 8~9월에 녹황색으로 피고 원추화서로, 지름은 1.5~2mm이고 화경이 1~2mm로 두화가 많이 달린다.

압화방법 |주로 꽃과 줄기를 압화에 사용한다. 변색은 잘 안 되는 편으로 풍경용 소재로 많이 사용되며, 녹색 물올림 염색을 하여 건조하면 변색되지 않고 3~4일이면 건조된다.

단풍나무 (단풍나무과)

Acer palmatum

분포지역 | 전남북, 제주, 경남, 일본 **서식장소** | 산지의 계곡 사이 **생태적 특성** | 낙엽활엽교목으로 높이가 10m에 달하고 작은 가지는 적갈색이다. 압화에 사용하는 부위는 잎인데, 길이가 5~6cm이고, 폭은 3~5cm이다. **채취시기** | 가을

압화방법 | 단풍잎을 한 잎 한 잎 따서 건조하기도 하고, 풍경용 작품에 사용할 때는 가지와 함께 단풍잎을 여러 장 건조하기도 하는데, 잎이 너무 많이 겹치면 적당히 따내서 가지의 선과 잎의 표정을 살려 건조한다. 가지가 두꺼우면 단풍잎이 압착이 잘 되지 않아 잎이 쭈그러질 수 있으므로 꽃 배열 용지를 두껍게 넣거나 스펀지를 넣어 잎이 잘 눌리게 한다. 매트에 넣어 조임 벨트를 잘 묶고, 돌을 올려놓아 전체적으로 눌러주어야 잎이 반듯하게 건조된다. 수분이 적어 건조매트에 넣고 2~3일이면 건조된다.

닭의장풀(닭의장풀과)

Commelina communis

분포지역 | 한국 각지, 중국, 일본, 북미 **서식장소** | 길가와 습지 **생태적 특성** | 1년초로 줄기는 하부에서 뻗으며, 마디에서 뿌리를 내고, 가지가 갈라지는데, 높이는 15~50cm이다. 잎은 난상 피침형으로 5~8cm, 나비 1~2cm이다. 꽃은 7~8월에 하늘색으로 핀다. **채취시기** | 여름

압화방법 | 꽃은 건조하면 색상이 선명하게 나오지만, 꽃잎이 얇아 꽃 배열용지에 붙어 잘 떨어지지 않으므로 주의해야 한다. 꽃대와 잎을 함께 건조해도 좋다. 건조매트에 넣어 3~4일이면 건조된다.

담쟁이덩굴 (포도과)

Parthenocissus tricuspidata

분포지역 | 한국 각지, 일본, 중국 **서식장소** | 산과 들 **생태적 특성** | 낙엽활엽의 덩굴성 목본식물로 돌담, 바위 또는 나무줄기에 붙어서 자란다. 잎은 호생하고 넓은 난형으로 길이와 나비가 모두 5~20cm이다. **채취시기** | 가을

압화방법 | 담쟁이 잎을 하나씩 따서 건조하기도 하고, 풍경용 작품에 사용할 때는 가지의 선과 잎의 표정을 살려 건조한다. 가지가 두꺼우면 담쟁이 잎의 압착이 잘 되지 않아 쭈그러질 수 있으므로 꽃 배열용지를 두껍게 넣거나 스펀지를 넣어 잎이 잘 눌리게 한다. 매트에 넣어 조임 벨트를 잘 묶고, 돌을 올려놓아 전체적으로 눌러주어야 잎이 반듯하게 건조된다. 수분이 적으므로 건조매트에 넣고 2~3일이면 건조된다.

도라지(초롱꽃과)

Platycodon grandiflorum

분포지역 | 한국 각지, 일본, 중국 **서식장소** | 야산 **생태적 특성** | 다년초로 40~100cm쯤 자란다. 잎은 넓은 피침형으로 길이 4~7cm, 나비 1.5~4cm인데, 양 끝이 좁아지고 예리한 톱니가 있다. 꽃은 7~8월에 보라색이나 백색으로 피고 줄기 끝에 1개 또는 여러 개가 상향으로 달린다. **채취시기** | 여름
압화방법 | 신선한 꽃을 선택하고, 꽃잎을 손 앞으로 접어 표정을 만들어주면서 건조매트에 배열하여 건조한다. 오래된 꽃을 압화하면 퇴색되기도 하므로 주의한다. 특히 청색 꽃을 말릴 때 수분이 많으면 흰색으로 퇴색되기도 하므로 주의한다. 도라지 잎을 이용해 곤충의 움직이는 모양을 재미있게 표현할 수 있다.

독말풀(가지과)

Datura stramonium

분포지역 | 열대아시아 원산 **서식장소** | 시골의 집 근처 **생태적 특성** | 1년초로 줄기는 곧추서고 가지가 많이 갈라지며 높이는 1~2m이고 자색이 돈다. 잎은 난형으로 길이 8~18cm, 나비 4~9cm이다. 꽃은 8~9월에 연한 자색으로 피고, 꽃받침은 통형이며 화관은 깔때기 모양으로 길이 8cm 안팎이다. **채취시기** | 여름

압화방법 | 나팔꽃 모양의 꽃은 표정을 잡아 매트에 건조한다. 잎도 매트에 넣어 3~4일이면 건조된다. 식물체 전체가 독성이 있고, 특히 열매 모양이 예쁘기는 하지만, 가시돌기가 있고 독성이 있으므로 주의한다.

돌단풍(범의귀과)

Mukdenia rossii

분포지역 | 충북 이북, 만주 **서식장소** | 계곡의 바위 **채취시기** | 봄 **생태적 특성** | 다년초로 계곡의 바위 등지에서 자생한다. 잎은 근경 끝 부분에서 나는데 잎자루가 길고 손바닥 모양으로 갈라진다. 꽃은 5월경에 피는데, 화경은 30cm에 달하며, 꽃은 백색 또는 엷은 홍색으로 핀다.

압화방법 | 꽃대를 적당한 크기로 자르고, 덩어리로 된 꽃의 뒷부분을 솎아내서 꽃 표정을 살려 하나하나 건조한 후 작품에 사용할 때는 꽃을 붙여 조립한다. 잎은 잎대로 건조매트에 넣어 3~4일이면 건조된다.

동백나무(차나무과)

Camellia japonica

분포지역 | 황해 이남, 일본, 중국 **서식장소** | 해안이나 촌락 부근 **생태적 특성** | 상록소교목으로 보통 5~6m이나 높은 것은 18m에 달한다. 잎은 타원형 또는 긴 타원형으로 길이 5~12cm, 나비 3~7cm이다. 꽃은 2~4월에 적색으로 피는데 꽃받침 조각은 5개이며, 꽃잎은 5~7개로 밑에서 합쳐지고 반쯤 벌어진다. **채취시기** | 겨울~봄

압화방법 | 꽃을 그대로 건조하면 씨방이 두껍고 꿀이 있어 검게 변색되므로 꽃잎, 수술, 꽃받침을 분리하여 건조한다. 작품을 만들 때는 꽃의 표정을 살려 동백꽃을 만들어 사용한다. 잎이 두꺼우므로 뒷면을 사포로 살짝 문지른 뒤 건조한다. 건조에는 5~7일이 걸리며, 꽃은 건조매트를 중간에 자주 갈아준다.

동의나물 (미나리아재비과)

Caltha palustris var. *membranacea*

분포지역 | 한국 각지, 일본, 중국 등 **서식장소** | 산지의 습지 또는 물가
생태적 특성 | 다년초로 줄기는 곧추서거나 비스듬히 올라가고 높이는 60cm 내외이다. 잎은 길이와 나비가 각각 5~10cm 쯤이다. 꽃은 4~5월에 황색으로 피는데, 줄기 끝에 대개 2개씩 달리고 소화경은 5~11cm이다. 꽃은 꽃잎이 없고 5~6개의 꽃받침 조각으로 되어 있다. **채취시기** | 봄
압화방법 | 꽃대를 적당한 크기로 자르기도 하고, 잎과 함께 길게 잘라 꽃의 표정을 살려 건조해도 좋다. 꽃은 색상이 잘 나오지만, 잎에 수분이 많은 편이므로 매트를 중간에 바꿔준다. 4~5일이면 건조된다.

동자꽃(석죽과)

Lychnis cognata

분포지역 | 제주도를 제외한 한국 각지, 만주 **서식장소** | 깊은 숲 속 **생태적 특성** | 다년초로 줄기는 곧추서며 60~100cm쯤 자란다. 잎은 장타원형 또는 타원형으로 길이 5~8cm, 나비 2.5~4.5cm이다. 꽃은 7~8월에 진한 적색이나 적황색으로 피며 백색 또는 적백의 무늬가 있다. **채취시기** | 여름
압화방법 | 꽃만 건조하기도 하고, 줄기와 함께 건조해도 좋다. 건조매트에 넣어 3~4일이면 건조된다. 건조 후에는 꽃 색이 원래 색보다 검붉은 빛을 띠므로 적색환원제를 처리해주는 것이 좋다.

등갈퀴나물 (콩과)

Vicia cracca

분포지역 | 한국 각지, 북미, 아프리카, 유럽 **서식장소** | 들 **생태적 특성** | 다년생 덩굴성식물로 뿌리가 길게 뻗으면서 번식하고 줄기는 80~150cm이며 잔털이 있다. 꽃은 5~6월에 남자색으로 핀다.

압화방법 | 꽃, 줄기, 열매, 덩굴손 등을 압화하여 작품에 다양하게 사용할 수 있다. 줄기를 적당한 길이로 잘라 건조매트에 넣어 4~5일이면 건조된다. 덩굴은 녹색 염색액으로 물올림 염색하면 염색도 잘 되고, 변색도 거의 없는 편이다. 스탠드나 액자작품에 사용하면 좋다. 둥글게 말린 순은 액세서리에도 많이 사용한다.

등골나물 (국화과)

Eupatorium chinensis var. *simplicifolium*

분포지역 | 한국 각지, 일본, 중국 **서식장소** | 산과 들
생태적 특성 | 다년초로 근경은 짧고 줄기는 곧추서며 높이는 1~2m이다. 잎은 긴 타원형 또는 타원형으로 길이는 10~18cm, 나비 3~8cm이다. 꽃은 7~8월에 백색으로 피고 두화가 줄기 끝에 달린다. **채취시기** | 여름
압화방법 | 신선한 꽃을 선택하여 꽃대를 적당히 자르고, 덩어리로 된 꽃의 뒷부분은 솎아내서 건조매트에 넣어 3~4일이면 건조된다. 만개한 꽃을 건조하면 꽃 모양이 일그러져 지저분해진다.

등나무(콩과)

Wisteri flooribunda

분포지역 | 온대와 난대 **서식장소** | 야생, 식재 **생태적 특성** | 낙엽활엽의 덩굴성 목본 식물이다. 꽃은 4~5월에 연한 자주색으로 피고 가지 끝에 총상화서로 달린다. **채취시기** | 봄

압화방법 | 등나무 꽃이 서로 많이 겹치지 않게 적당히 꽃을 정리하여 매트에 넣어 건조한다. 꽃이 많을수록 수분이 많으므로 매트를 자주 갈아주는 것이 좋으며 5~6일이면 건조된다. 잎이나 덩굴은 다른 처리 없이 잘 건조되는 편이다. 덩어리로 된 꽃의 뒷부분을 솎아내고 어린잎과 덩굴도 건조한다.

등대시호(산형과)

Bupleurum euphorbioides

분포지역 | 속리산 이북의 고산 **서식장소** | 높은 산 **생태적 특성** | 다년초로 줄기는 곧추서며 높이는 40cm에 달하나 고산의 것은 보통 8~12cm이다. 포엽은 난형으로 길이 1~2cm, 나비 5~8mm이고 끝이 길게 뾰족해진다. 꽃은 7~8월에 자록색 또는 적자색으로 피고 줄기와 가지 끝에 산형화서로 달린다.
채취시기 | 여름
압화방법 | 줄기를 잘라 그대로 건조한다.

땅비싸리(콩과)

Indigofera kirilowi

분포지역 | 한국 각지, 일본, 중국 서식장소 | 산기슭의 양지 생태적 특성 | 낙엽활엽 소관목으로 높이가 1m에 달한다. 소엽은 7~13개이고 넓은 난형 또는 넓은 타원형으로 길이가 1~4cm이다. 꽃은 5월에 엷은 홍색으로 피며 12cm 쯤의 총상화서에 달린다.

압화방법 | 꽃대를 적당한 길이로 잘라 꽃의 표정을 살려 건조매트에 넣어 3~4일이면 모두 건조된다. 꽃, 잎 모두 색상이 잘 나오지만 건조 후 보관 중에 변색이 잘 되는 편이므로 보관에 신경 써야 한다.

떡갈나무 (참나무과)

Quercus dentata

분포지역 | 한국 각지, 일본, 중국 **서식장소** | 표고 800m 이하의 양지바른 곳
생태적 특성 | 낙엽활엽교목으로 높이 20m, 지름 70cm에 달하며 수피는 회갈색이다. 잎은 가죽질이며 긴 타원형으로 길이 12~32cm, 폭 5~17cm이고 끝은 둥글다.
압화방법 | 잎을 압화하는데, 녹색잎보다는 단풍든 잎을 주로 사용하며, 건조기간은 2~3일 소요된다. 잎을 잘라 산이나 콜라주 표현, 엽서(葉書) 등의 작품에 많이 사용한다. 표백처리해서 망사잎을 만들기도 한다.

떡쑥(국화과)

Gnaphalium affine

분포지역 | 한국 각지, 대만, 말레이시아, 인도, 인도네시아, 일본 **서식장소** | 들 **생태적 특성** | 2년초로 줄기는 기부에서 갈라져 곧추서고 높이는 15~40cm이다. 꽃은 5~7월에 황색으로 피고 줄기 끝에 두화가 모여 달린다.
채취시기 | 봄
압화방법 | 잎과 줄기가 흰색의 독특한 색상으로 특별한 처리 없이 3~4일이면 건조된다. 채집 시기는 꽃이 예쁘게 피기 시작할 때가 좋다. 꽃이 핀 지 너무 오래된 것을 건조하면 마른 뒤에 꽃이 부서지고 가루가 나와 사용하기 어렵다.

pressed flower

ㅁ

마타리 | 말채나무 | 매발톱꽃 | 매화나무 | 맥문동 | 머위 | 메꽃 | 모란 | 모시풀 | 모싯대 |
무릇 | 물매화 | 물봉선 | 미나리 | 미나리아재비 | 미역취 | 민들레

마타리(마타리과)

Patrinia scabiosaefolia

분포지역 | 한국 각지, 대만, 동시베리아, 일본, 중국 **서식장소** | 양지바른 산지의 풀밭 **생태적 특성** | 다년초로 줄기는 곧추서고 높이는 60~150cm쯤 자란다. 꽃은 7~8월에 황색으로 피고 가지와 줄기 끝에 산방상으로 달린다. **채취시기** | 가을

압화방법 | 마타리는 노란 황금색인데, 식물체에 꿀이 많아 건조 후에는 황갈색으로 변하는 경우가 많다. 끓는 물에 살짝 데쳐 찬물에 헹군 뒤 수건으로 물기를 제거해 건조하면 색이 좀더 선명하다.

말채나무(층층나무과)

Cornus walteri

분포지역 | 한국 각지, 만주, 중국 **서식장소** | 계곡의 숲 속 **생태적 특성** | 낙엽 활엽교목으로 꽃은 5~6월에 백색으로 피는데, 화경은 길이 1.5~2.5cm이다.

채취시기 | 봄

압화방법 | 말채나무는 취산화서로 피는 꽃 덩이로 사용하기보다는 꽃송이 하나하나를 떼어내어 작은 꽃을 사용한다. 흰색 꽃을 사용하기도 하지만 염색 꽃을 주로 사용한다. 빨강, 노랑, 주황, 파랑, 분홍, 초록 등으로 염색하여 건조매트에 넣어 3~4일 건조한다. 말린 꽃은 압화 액세서리에 많이 사용한다. 압화에 사용하는 주 부위는 꽃이다. 변색은 잘 안 되는 편이다. 컬러액에 물올림한 꽃을 한 송이씩 따서 건조한다. 건조 후에는 꽃이 잘 부서지므로 주의한다.

매발톱꽃(미나리아재비과)

Aquilegia buergeriana var. *oxysepala*

분포지역 | 한국 각지, 일본, 중국 **서식장소** | 산 **생태적 특성** | 다년초로 줄기는 곧추서며 높이는 50~100cm이고 윗부분에서 다소 갈라진다. 꽃대는 6~7월에 갈자색으로 피며 가지 끝에서 긴 꽃대가 나와 1개씩 달리고 밑을 향한다.

채취시기 | 봄

압화방법 | 꽃받침 조각과 꽃잎은 각각 5개이다. 압화에 사용되는 주 부위는 잎과 꽃이다. 특히 잎은 황산구리 용액에 침지한 후 건조하면 변색이 잘 안 된다. 꽃을 따서 정면 얼굴, 접힌 얼굴, 꽃봉오리 등 꽃 표정을 살려 건조매트에 넣어 3~4일 건조한다. 꽃이나 잎 모두 색상이 선명하게 건조된다.

매화나무(장미과)

Prunus mume

분포지역 | 중국 원산 **서식장소** | 원예용으로 식재 **생태적 특성** | 낙엽활엽 소교목이며 5~10m쯤 자란다. 꽃은 4월에 잎보다 먼저 피는데 꽃잎은 다섯 개 내지 다수이다. 압화에 사용하는 부위는 꽃이다. **채취시기** | 봄

압화방법 | 매화나무는 가지에서 활짝 핀 꽃을 하나하나 떼어 얼굴 표정을 살려 건조하기도 하고, 가지와 함께 꽃봉오리를 건조하기도 한다. 가을 단풍든 잎을 압화하기도 하는데, 흰색 꽃을 그대로 건조하면 누렇게 변색될 수 있으므로 수분이 빨리 제거되게 건조매트를 자주 교체한다. 건조 후 꽃잎이 얇아져 잘 찢어지므로 주의해서 보관한다. 빨강, 노랑, 주황, 파랑, 분홍, 초록 등 물올림 염색을 하여 건조하는 것도 좋다.

맥문동(백합과)

Liriope platyphylla

분포지역 | 강원 이남, 대만, 일본, 중국 **서식장소** | 숲 속 **생태적 특성** | 다년초로 근경은 굵고 짧으며 뿌리는 가늘지만 강하다. 화경은 곧추서고 높이가 20~50cm쯤 자란다. 잎은 근경에서 총생하고 선형으로 길이 30~60cm, 나비 8~12mm이다. 꽃은 8월에 연한 자색으로 피고 총상화서로 달린다. **채취시기** | 가을

압화방법 | 꽃대를 적당한 길이로 자르고, 수분이 쉽게 증발되도록 줄기 뒷부분을 칼로 금을 긋듯 상처를 낸다. 꽃이 너무 많이 달려 있으면 적당히 제거하고 건조매트에 넣어 건조한다. 꽃이 아래부터 너무 많이 피면 건조할 때 다 떨어지므로 3분의 1쯤 피었을 때 압화하는 것이 좋다. 잎은 두꺼운 편이므로 사포로 문지른 다음 압화하여 건조하기도 하고, 뜨거운 물에 살짝 데쳐 찬물에 담가 물기를 제거한 후 압화하기도 한다. 그렇지 않으면 잎이 검게 변색되기 쉽다. 잎은 살짝 시들어 부드러워졌을 때 손으로 곡선이나, 잎의 선을 잡아 건조해놓으면 동양적인 느낌의 작품을 만들기에 좋다. 건조기간은 5~6일 소요된다.

머위(국화과)

Petasites japonicus

분포지역 | 한국, 일본, 중국 원산 **서식장소** | 산과 들 **생태적 특성** | 다년초로 지하경이 사방으로 뻗어 번식한다. 잎은 지하경 끝에서 총생하며 신장상 원형으로 지름이 15~30cm이고 가장자리에 불규칙한 치아상 톱니가 있다. 꽃은 전년도의 총생엽 복판에서 5~45cm의 꽃대가 생겨 4~5월에 백황색으로 피는데, 두화 지름은 4~7mm이고, 화경 길이는 1~2.5mm이다. **채취시기** | 봄
압화방법 | 꽃대를 적당한 크기로 자르고, 덩어리로 된 꽃의 뒷부분은 속아내서 꽃 표정을 살려 하나하나 건조한 후, 작품에 사용할 때 표정을 살려 꽃을 붙여 조립한다. 줄기가 너무 두꺼우면 뒷부분을 3분의 1쯤 칼로 갈라주는 것이 좋다. 줄기를 너무 얇게 가르면 건조 후 꽃 배열용지에 줄기가 달라붙어 뜯어내기 어렵다. 잎은 뒷면의 잎맥을 칼로 잘라내거나 상처를 낸 다음 건조매트에 넣어 4~5일이면 건조된다.

메꽃 (메꽃과)

Calystegia japonica

분포지역 | 한국 각지, 일본, 중국 **서식장소** | 들 **생태적 특성** | 덩굴성 다년초로 지하경이 사방으로 길게 뻗으며 군데군데 순이 나온다. 잎은 장타원상 피침형으로 길이 5~10cm, 나비 1~4cm이며 기부의 측편을 포함하면 2~7cm이다. 꽃은 6~8월에 연한 홍색으로 피고 잎짬에서 길이 3~6cm의 화경이 나와 그 끝에서 1개씩 달린다. 화관의 지름은 5cm쯤이며 깔때기 모양이다. **채취시기** | 여름

압화방법 | 꽃을 정면으로 향하게 압화할 때에는 구멍이 보이지 않을 만큼 꽃을 잘라낸다. 옆 방향으로 압화할 때에는 줄기를 세로로 3분의 1쯤 잘라내고 모양을 정리한 다음 건조매트에 배열하여 건조한다. 건조 후에는 꽃잎이 얇아져 꽃 배열용지에 붙어 뜯어내기 어렵고 쉽게 변색되므로 보관에 주의한다.

모란(작약과)

Paeonia suffruticosa

분포지역 | 중국 원산 **서식장소** | 원예용으로 식재 **생태적 특성** | 낙엽관목으로 높이는 1~1.5m쯤 자라는 식물이며, 목단이라고도 한다. 잎은 3엽으로 되어 있으며, 소엽은 난형 또는 피침형이고 2~5개로 갈라지는데 뒷면은 잔털이 있고 흔히 흰빛이 돈다. 꽃은 양성으로 5월에 홍색, 분홍색으로 피고 가지 끝에 대형 겹꽃이 달린다. 꽃받침 조각은 5개, 꽃잎은 8개 이상으로 크기와 형태가 같지 않고 가장자리에 불규칙한 결각이 있다. 압화에는 주로 꽃과 줄기를 사용한다. **채취시기** | 여름

압화방법 | 꽃과 잎을 압화하는데, 꽃은 봉오리 상태, 활짝 핀 상태, 반 접힌 상태 등 표정을 잡아 건조한다. 꽃봉오리 상태는 꽃대와 함께 건조하는데, 칼로 줄기 아래부터 시작하여 꽃봉오리 부분까지 절반으로 가르고, 씨방을 제거하여 건조한다. 정면 얼굴은 꽃목을 가위로 바짝 잘라 얼굴이 접히지 않게 주의하고, 접힌 얼굴은 꽃목을 가위로 잘라 손으로 접힌 꽃 표정을 살려 매트에 넣는다. 줄기가 두꺼우면 절반으로 나누거나 줄기 뒷부분을 칼로 금을 그은 다음 압화한다. 건조시간은 4~5일이고, 건조 후 꽃색은 잘 변하지 않는 편이다. 작품을 만들 때는 꽃목 부분과 줄기 부분을 조립해서 사용한다.

모시풀(쐐기풀과)

Boehmeria nivea

분포지역 | 아시아 **서식장소** | 야산과 들 **생태적 특성** | 다년초로 줄기는 1~2m이며 약간 분지하고 녹색이다. 잎은 호생하고 난상 원형으로 길이 10~15cm, 폭 6~12cm이며, 끝이 꼬리처럼 약간 길고 규칙적인 치아상 톱니가 있다. 표면은 녹색으로 거칠고 털이 약간 있다. 압화에는 주로 잎을 사용한다. **채취시기** | 여름

압화방법 | 모시 잎은 녹색 부분의 잎보다는 잎 뒷면의 흰색을 주로 작품에 사용하기 때문에 잎 뒷부분이 진한 흰색인 새순이나 식물체의 가장 윗부분 잎을 선택해서 압화하는 것이 좋다. 크고 작은 다양한 잎을 건조하여 동물이나 새, 콜라주 등 다양한 작품에 자주 사용하는 잎 가운데 하나이다. 건조매트에서 3~4일이면 건조된다.

모싯대 (초롱꽃과)

Adenophora remotiflora

분포지역 | 한국 각지, 일본, 중국 **서식장소** | 산지 **생태적 특성** | 다년초로 줄기는 곧추서며 높이는 40~100cm이다. 잎은 심장형, 난형 또는 넓은 피침형으로 길이 5~20cm, 나비 3~8cm이며 끝은 뾰족하다. 꽃은 8~9월에 자색으로 피고 줄기 끝에 원추화서로 달려 밑을 향해 핀다. **채취시기** | 여름~가을

압화방법 | 꽃대를 잘라 꽃의 표정을 살리면서 매트에 넣어 3~4일이면 건조된다. 색상도 원색 그대로 잘 나온다. 건조 후 꽃잎이 얇아지므로 꽃 배열용지에서 뜯어낼 때 꽃잎이 찢어지지 않게 주의한다.

무릇(백합과)

Scilla sinensis

분포지역 | 한국 각지, 대만, 일본, 중국 **서식장소** | 산기슭이나 들의 양지바른 곳 **생태적 특성** | 다년초로 인경식물이다. 화경은 곧추서며 높이는 20~50cm쯤이다. 꽃은 7~9월에 연한 홍자색으로 피고 화경 상부에 총상화서로 꽃이 많이 달리며, 소화경은 길이가 5mm쯤이다. 압화로 사용하는 주 부위는 꽃과 줄기이다. **채취시기** | 여름 **압화방법** | 예쁘게 핀 꽃의 꽃대를 적당한 길이로 잘라서 줄기 뒷부분을 칼로 살짝 금을 그어 상처를 낸 뒤 줄기의 선을 살려 건조매트에 넣는다. 이때 작은 꽃 몇 개는 가위로 잘라 꽃의 표정을 살려 압화하여 건조한 후 줄기째 말린 꽃대에 조립해 사용해도 좋다. 건조기간은 4~5일이다. 변색을 방지하기 위해 분홍이나 보라색으로 물올림 염색하여 사용하기도 한다.

물매화 (범의귀과)

Parnassia palustris

분포지역 | 한국 각지, 대만, 일본, 유럽, 중국, 히말라야 **서식장소** | 산지의 습지

생태적 특성 | 다년초로 줄기는 총생하며 높이는 10~45cm이다. '물매화' 라고도 한다. 근생엽은 모여 나고 잎자루가 길며 원심형으로 길이와 나비가 각각 10~35mm쯤이다. 꽃은 7~9월에 백색으로 피며 줄기 끝에 1개씩 달린다. 꽃은 지름이 2~2.5cm이고, 꽃받침 조각은 장타원형, 꽃잎은 난형 또는 타원형이다. 압화로 사용하는 주 부위는 꽃과 줄기이다.

압화방법 | 귀한 식물로 채집하기 어렵고, 대량 번식도 힘들어 비교적 고가에 거래된다. 꽃의 줄기를 적당한 길이로 잘라 건조한다. 꽃을 정면으로 향하게 압화할 때에는 줄기에서 분리하여 건조매트에 올려놓고 건조한다. 건조에는 5~6일 걸린다. 변색은 잘 안 되는 편이다. 꽃봉오리나 옆모양의 꽃의 표정을 살려 작품을 만들어도 재미있다.

물봉선(봉선화과)

Impatiens texori

분포지역 | 한국 각지, 일본, 중국 **서식장소** | 산기슭의 습지 **생태적 특성** | 1년초로 높이가 40~80cm로 자란다. 꽃은 8~9월에 홍자색으로 피고 가지 윗부분에 총상화서로 달린다. 압화로 사용하는 주 부위는 꽃이다. **채취시기** | 가을 **압화방법** | 줄기와 꽃을 함께 압화하기도 하고, 꽃을 하나씩 따서 건조하기도 한다. 꽃에는 수분이 많으므로 원래 색상인 진분홍과는 다른 남보라색으로 건조된다. 꽃잎이 얇아져 꽃 배열용지에 달라붙어 찢어지기 쉬우므로 보관에 주의해야 한다. 건조매트에 넣어 3~4일이면 건조되며, 물고기 표현에 사용하기도 한다.

미나리(산형과)

Oenanthe javanica

분포지역 | 한국 각지, 일본, 중국, 동인도 **서식장소 |** 습지나 물가 **생태적 특성 |** 다년초로 지하경을 길게 내며 밑이 약간 뻗어나가다 서고 높이는 20~50cm이다. 잎은 3각형 또는 4각형 난형으로 길이는 7~15cm이다. 꽃은 7~9월에 백색으로 피고 줄기 끝부분에 소산경은 5~15개인데 각각 10~25개의 꽃이 달린다.

채취시기 | 여름

압화방법 | 잎은 녹색 염색액에 물올림하여 건조한다. 꽃대에서 꽃만 떼어내서 건조하거나 꽃대의 뒤를 칼로 긁어 꽃과 함께 건조한다.

미나리아재비(미나리아재비과)

Ranunculus japonica

분포지역 | 한국 각지, 일본, 중국 **서식장소** | 산기슭과 들의 양지바른 곳 **생태적 특성** | 다년초로 줄기는 높이가 30~70cm이고 퍼진 백모가 밀생하며 근경은 짧다. 근생엽은 잎자루가 길고 오각상 원심장형으로 길이가 2.5~7cm, 폭이 3~10cm이다. 꽃은 6월에 황색으로 피는데 꽃받침 조각과 꽃잎은 각각 5개이다. 압화로 사용하는 주 부위는 꽃과 줄기이다. **채취시기** | 봄
압화방법 | 줄기를 적당한 길이로 잘라 정면 얼굴, 접힌 얼굴, 꽃봉오리 등 꽃 표정을 살려 건조한다. 정면 얼굴은 줄기 없이 꽃 부분만 잘라 건조매트에 넣어 3~4일 건조한다. 노란색이 선명하게 잘 나오는 편이나 시간이 지나면 변색이 잘 되므로 건조제를 넣어 밀봉하여 보관한다. 변색을 방지하기 위해 노란색으로 염색하기도 하나 염색시간이 너무 길어지면 잎이 하나씩 떨어지므로 빠른 시간에 염색하여 바로 건조한다.

미역취(국화과)

Solidago virga-aurea var. *asiatica*

분포지역 | 한국 각지, 일본 **서식장소** | 산지의 양지바른 곳 **생태적 특성** | 다년초로 줄기는 암자색을 띠고 상부에서 분지하며 잔털이 있는데, 높이는 35~85cm쯤 자란다. 꽃은 7~8월에 황색으로 핀다. 압화로 이용하는 주 부위는 꽃이다. **채취시기** | 가을

압화방법 | 예쁘게 핀 꽃대를 적당한 길이로 자르고, 너무 두꺼운 줄기는 수분이 쉽게 증발되게 줄기 뒷부분을 칼로 금을 긋듯 상처를 내준다. 꽃이 너무 많이 달렸으면 솎아내고, 변색을 방지하기 위해 노란색으로 물올림 염색해서 건조해도 좋다. 건조매트에서 5~6일이면 건조된다.

민들레(국화과)

Taraxacum platycarpum

분포지역 | 한국, 중국, 일본 **서식장소** | 들의 볕이 잘 드는 곳 **생태적 특성** | 다년초로 줄기는 없고 잎은 뿌리에서만 자라난다. 잎은 피침형으로 길이 20~30cm, 나비 2.5~5cm이고 끝은 둔하거나 드물게 뾰족하며 밑은 좁아진다. 꽃은 4~5월에 황색으로 피고 지름 3.5~4.5cm의 두화 1개가 화경 끝에 달린다. 흰색 꽃이 피는 민들레도 있는데, 흰민들레는 번식력이 약하다. 고향의 꽃으로 여기는 친근한 식물이며 10월에 꽃을 피우기도 한다. **채취시기** | 봄
압화방법 | 정면 얼굴을 압화할 때는 꽃대에서 꽃 부분만 잘라내고, 줄기와 함께 건조할 때는 꽃 표정을 위로 향하게 손으로 꽃대 뒷부분 가운데를 살짝 눌러 표정을 잡아 건조매트에 건조한다. 꽃이 지고 나면 꽃줄기 위에 솜털 같은 실이 둥글게 뭉쳐 공 모양을 이루는데, 이것을 건조하여 작품에 이용해도 좋다. 꽃이나 잎 모두 특별한 처리 없이도 2~3일이면 건조되며, 색상도 잘 나온다.

pressed flower

ㅂ

바늘꽃 | 바디나물 | 바람꽃 | 바위손 | 바위솔 | 바위취 | 박주가리 | 방가지똥 | 배꽃 | 배
초향 | 백당나무 | 백양꽃 | 뱀딸기 | 뱀무 | 벌개미취 | 벌깨덩굴 | 벌노랑이 | 범꼬리 | 범
부채 | 벚나무 | 보춘화 | 복수초 | 복주머니 | 부처꽃 | 부처손 | 붉은병꽃나무 | 붓꽃 | 비
비추 | 비수리 | 뻐꾹나리

바늘꽃(바늘꽃과)

Epilobium pyrricholophum

분포지역 | 한국 각지, 일본, 중국 **서식장소** | 산과 들의 습지 **생태적 특성** | 다년초로 줄기는 15~90cm이다. 잎은 난상 피침형으로 길이 2~10cm, 나비 0.5~3cm이다. 꽃은 8월에 연한 홍자색으로 피고 윗부분의 엽액에 1개씩 달린다. **채취시기** | 여름

압화방법 | 꽃 표정을 살려 건조매트에 넣어 3~4일이면 건조된다. 건조 후 꽃잎이 얇아지고, 꽃색도 변색이 잘 되는 편이다.

바디나물(산형과)

Angelica decursiva

분포지역 | 한국 각지, 중국, 일본, 인도지나 **서식장소 |** 산과 들 **생태적 특성 |** 다년초로 근경은 짧고 뿌리가 굵으며 줄기는 곧추서고 높이는 80~150cm이다. 상부의 잎은 소형으로 엽초가 도란형이다. 소엽은 3~5개이고 다시 3~5개로 깊이 갈라진다. 꽃은 8~9월에 자색으로 피고 복산형화서로 달린다. **채취시기 |** 여름

압화방법 | 산형화서로 줄기와 덩이꽃을 같이 건조하기보다는 꽃만을 압화한다. 매트에서 4~5일이면 건조되며, 색상은 잘 나오고, 변색도 잘 되지 않는다. 잎은 어린 순을 사용한다.

바람꽃 (미나리아재비과)

Anemone narcissiflora

분포지역 | 한국, 일본, 중국 **서식장소** | 높은 산의 풀밭 **생태적 특성** | 다년초로 꽃대와 근생엽이 총생하며 높이는 20~40cm이다. 근생엽은 엽병이 길고 둥근 심장형이며 3개로 완전히 갈라진다. 총포엽은 길이 2~4cm로, 선형으로 갈라진다. 꽃은 7~8월에 백색으로 피고 총포엽 중앙에 여러 개가 산형으로 달린다. **채취시기** | 봄

압화방법 | 줄기, 꽃, 잎을 함께 건조하는 것이 좋다. 대체로 건조가 잘 되지만, 꽃잎이 흰색이므로 주의해야 한다. 3~4일이면 건조된다.

바위손(부처손과)

Selaginella involvens

분포지역 | 한국 각지 **서식장소** | 산지의 바위나 나무 위 **생태적 특성** | 상록성 다년초로, 비늘 같은 잎으로 덮인 지하경이 땅속이나 이끼 사이로 뻗고 그 끝에 15~40cm의 지상경이 나온다. 압화로 사용하는 주 부위는 잎과 줄기이다. **채취시기** | 봄~가을
압화방법 | 변색 정도는 보통인 편이다. 잎의 두꺼운 부분은 사포로 살짝 문지르거나 칼로 줄기의 뒷부분에 흠집을 낸 뒤 압화한다.

바위솔(돌나물과)

Orostachys japonica

분포지역 | 한국 각지, 일본, 중국 **서식장소** | 산지의 바위 위나 지붕 위 **생태적 특성** | 육질의 다년초로 개화·결실하면 죽는다. 월동하는 근생엽은 단축경으로 퍼지며 끝이 굳어져 가시처럼 된다. 잎은 다닥다닥 달리고 엽병은 없다. 꽃은 9월에 백색으로 피고 6~15cm의 총상화서에 많은 꽃이 빽빽이 난다.
압화방법 | 꽃대만 세로로 2분의 1쯤 자르고 건조한다.

바위취(범의귀과)

Saxifraga stolonifera

분포지역 | 관상으로 식재 **서식장소** | 관상용으로 식재 **생태적 특성** | 상록성 다년초로 짧은 근경에서 잎이 총생하고 홍색의 포복지를 내며 그 끝에서 새싹을 형성한다. 잎은 신장형으로 길이 3~5cm, 나비 3~9cm이다. 꽃은 5월에 백색으로 피고 높이 20~40cm의 화경 상부에 원추화서로 달린다. **채취시기** | 여름

압화방법 | 꽃을 하나씩 떼어 건조해 사용한다.

박주가리(박주가리과)

Metaplexis japonica

분포지역 | 한국 각지, 일본, 중국 **서식장소** | 들 **생태적 특성** | 덩굴성 다년초로 길이가 3m에 달한다. 잎은 대생하고 장란상 심형으로 길이 5~10cm, 폭 3~6cm쯤이다. 압화로 사용하는 주 부위는 잎과 열매이다. **채취시기** | 여름 **압화방법** | 열매에 들어 있는 하얀 솜 같은 것을 이용하여 동물을 만들 수 있다. 변색은 보통인 편이다.

방가지똥(국화과)

Sonchus oleraceus

분포지역 | 한국 각지, 일본, 유럽, 중국, 중앙아시아 **서식장소** | 길가나 밭 **생태적 특성** | 1~2년초로 줄기는 곧추서고 높이가 50~100cm이다. 하엽은 장타원형 또는 넓은 도피침형으로 길이 15~25cm, 나비 5~8cm이고 끝은 뾰족하다. 꽃은 5~9월에 황색으로 피고 지름 2cm의 두화가 거의 산형 비슷하게 달리며 화경은 길이 1.5~5.5cm이다. **채취시기** | 봄

압화방법 | 줄기, 꽃, 잎을 함께 건조하는 것이 좋다. 줄기와 함께 건조할 때는 꽃 표정을 위로 향하게 손으로 꽃대 뒷부분 가운데를 살짝 눌러 표정을 잡아 건조매트에 건조한다. 대체로 3~4일이면 건조된다. 꽃은 무겁지 않게 솎아낸다. 꽃목을 손가락으로 누르거나 세로로 쪼갠다. 꽃을 정면으로 향하게 누를 때에는 줄기에서 분리한다.

배꽃(장미과)

Pyrus pyrifolia

분포지역 | 한국 각지, 세계 각지 **서식장소** | 산, 원예종은 재배 **생태적 특성** | 낙엽활엽교목으로 높이는 5~20m까지 자란다. **채취시기** | 봄
압화방법 | 압화로 사용하는 주 부위는 꽃이며, 소재의 길이는 2~8cm, 폭은 1~3cm쯤이다. 색깔에는 무염색한 흰색을 비롯해 염색한 빨강, 노랑, 파랑, 보라 등 다양하다. 변색 정도는 보통인 편이다.

배초향(꿀풀과)

Agastache rugosa

분포지역 | 한국 각지, 일본, 중국 등 **서식장소** | 양지바른 곳 **생태적 특성** | 다년초로 줄기는 곧추서고 향이 강하며, 높이가 40~50cm이다. 잎은 넓은 난형으로 길이 5~10cm, 나비 3~7cm이다. 꽃은 7~9월에 자색으로 핀다. **채취시기** | 여름

압화방법 | 줄기를 적당히 자르고 꽃의 뒷면을 떼어낸 뒤 건조한다.

백당나무(인동과)

Viburnum sargentii

분포지역 | 한국 각지, 일본, 중국 **서식장소** | 산, 정원수로 이용 **생태적 특성** | 낙엽활엽관목으로 높이가 3~6m이다. '불두화' 라고도 한다. 꽃은 5~6월에 백색으로 피는데, 길이가 2~6cm이고 화경 끝에 공 모양의 꽃이 달린다. 압화로 사용하는 주 부위는 꽃이다. **채취시기** | 봄

압화방법 | 변색은 보통 정도다. 염색한 것은 빨강, 노랑, 파랑 등 다양하며 변색도 잘 안 되어 다양하게 사용된다.

백양꽃(수선화과)

Lycoris koreana

분포지역 | 전남 백양산 **서식장소** | 산 **생태적 특성** | 다년초로 인경은 난형이고 화경은 곧추서며 높이가 20~40cm쯤이다. 잎은 인경 끝에 총생하고 선형으로 길이 50~56cm, 나비 10~12mm이다. 꽃은 9월에 붉은 벽돌색으로 피고 화경 끝에 4~6개의 소화가 옆을 향해 핀다. **채취시기** | 여름
압화방법 | 꽃대의 뒤쪽을 칼로 긁어서 건조하고, 줄기는 세로로 2분의 1쯤 자르고 건조한다. 건조한 다음 조립한다.

뱀딸기(장미과)

Duchesnea chrysantha

분포지역 | 한국 각지, 말레이시아, 인도, 일본, 중국 **서식장소 |** 야산과 들 **생태적 특성 |** 다년초로 긴 포복지를 뻗으며 마디에서 뿌리를 내려 번식한다. 근엽은 엽병이 길며, 소엽은 난형으로 길이 2~3.5cm, 나비 1~3cm이다. 꽃은 4~5월에 황색으로 핀다. **채취시기 |** 여름

압화방법 | 열매는 꽃받침을 반으로 쪼갠다. 열매를 꽃받침에서 분리하여 아랫부분을 잘라낸 뒤 건조매트에 올려놓고 건조한다. 잘라 분리한 열매는 건조 후 작품을 제작할 때 꽃받침 위에 놓는다.

뱀무(장미과)

Geum japonicum

분포지역 | 한국 각지, 일본, 중국 **서식장소** | 산과 들 **생태적 특성** | 다년초로 높이가 20~100cm쯤 자란다. 경엽은 엽병이 짧고 삼각형 원형으로 깊게 3개로 갈라지며 탁엽은 엽상으로 톱니가 있다. 꽃은 6월에 황색으로 피고 가지 끝에 1개씩 달린다. **채취시기** | 여름
압화방법 | 줄기를 적당히 자르고 꽃잎이 울지 않게 주의하며 건조한다.

벌개미취(국화과)

Gymnaster koraiensis

분포지역 | 황해도 이남 **서식장소** | 산야의 습지 **생태적 특성** | 다년초로 근경이 옆으로 뻗으며 줄기는 곧추서고 50~100cm쯤 자란다. 경엽은 피침형으로 길이 12~19cm, 나비 1.5~3cm쯤 된다. 꽃은 6~10월에 연한 자색으로 피고 가지와 줄기 끝에 달리며 두화는 지름 4~5cm이다. **채취시기** | 여름~가을 **압화방법** | 꽃을 따로 떼어 말리기도 하며, 줄기, 꽃, 봉오리를 세로로 3분의 2쯤 자르고 건조매트에서 건조한다.

벌깨덩굴(꿀풀과)

Meehania urticifolia

분포지역 | 한국 각지, 일본, 만주 **서식장소** | 야산 **생태적 특성** | 다년초로 향기가 있고 화경은 곧추서며 높이가 15~30cm이다. 잎은 삼각상 심형 또는 난상 심형으로 길이 2~5cm, 나비 2~3.5cm이다. 꽃은 5월에 자색으로 핀다. **채취시기** | 봄
압화방법 | 줄기를 적당히 잘라서 그대로 꽃과 함께 건조한다.

벌노랑이(콩과)

Lotus corniculatus

분포지역 | 함남 이남, 대만, 일본, 중국 **서식장소** | 야산, 길가 등 **생태적 특성** | 다년초로 줄기는 총생하며 땅위로 퍼지는데, 높이가 15~35cm이다. 꽃은 5~7월에 황색으로 피며 화경 끝에 우산형으로 달린다. **채취시기** | 여름
압화방법 | 적당한 크기로 잘라 건조매트에 배열하여 압화한다. 줄기는 손으로 누르거나 칼로 상처를 내주면 좋다. 활짝 핀 꽃은 꽃만 떼어 누른다.

범꼬리(여뀌과)

Bistorta manshuriensis

분포지역 | 한국 각지, 만주, 아무르 **서식장소** | 깊은 산속 **생태적 특성** | 다년초로 근경은 짧고 비후하며 전체에 털이 있다. 잎은 화살 모양의 타원형으로 길이 5~10cm, 나비 3~7cm이다. 화경은 높이 30~80cm이다. 꽃은 7~8월에 엷은 홍색으로 피며 화경 끝에 3~8cm의 원주상 화수에 밀생한다. **채취시기** | 여름

압화방법 | 꽃대를 세로로 3분의 2쯤 자르고 건조한다.

범부채(붓꽃과)

Balamcanda chinensis

분포지역 | 한국 각지, 일본, 중국 **서식장소** | 산지풀밭, 관상용으로 식재 **생태적 특성** | 다년초로 줄기는 곧추서며 상부에서 가지가 갈라지고 높이는 50~120cm쯤 자란다. 잎은 좌우로 편평한 부챗살처럼 배열되고 녹색 바탕에 다소 흰빛이 돌며 칼 모양으로 길이 30~50cm, 나비 2~4cm이다. 꽃은 6~7월에 피고 황적색 바탕에 짙은 반점이 있다. 가지 끝에 몇 개의 막질인 포 속에서 2~3개의 꽃이 나오는데, 지름은 5~6mm이며, 소화경은 길이가 1~4cm이다.

채취시기 | 여름

압화방법 | 꽃을 정면으로 향하게 압화할 때에는 꽃을 줄기에서 잘라 분리하고 줄기는 세로로 3분의 1쯤으로 제거하여 건조매트에 건조한다. 꽃봉오리는 3분의 1쯤 잘라낸다.

벚나무(장미과)

Prunus jamasakura

분포지역 | 평북, 함남 이남, 일본 **서식장소** | 산지와 마을 부근 **생태적 특성** | 낙엽활엽교목으로 높이가 25m에 달하고 수피는 많은 것이 어두운 갈색이다. 잎은 호생하고 어린잎은 보통 적갈색이며 장타원형으로 길이가 6~12cm이다. 꽃은 4~5월에 연한 홍색 또는 백색으로 핀다. **채취시기** | 봄
압화방법 | 압화로 사용하는 주 부위는 꽃과 잎이다. 잎은 변색이 잘 안 되는 편이다.

보춘화(난초과)

Cymbidium goeringii

분포지역 | 경남북, 전남북, 제주, 일본, 중국 **서식장소** | 건조한 숲 속 **생태적 특성** | 춘란이라고도 하는 상록성 다년초이다. 근경은 짧고 다수의 굵은 뿌리가 사방으로 뻗으며, 꽃대는 곧추서고 높이가 10~25cm이다. 잎은 선형으로 길고 길이가 20~50cm, 폭이 6~10mm이다. 잎 끝은 뾰족하고 기부는 엽초로 되며 가장자리에 미세한 톱니가 있다. 꽃은 3~4월에 연한 황록색으로 피고 꽃대 끝에 보통 1개가 달린다. **채취시기** | 봄

압화방법 | 압화로 사용하는 주 부위는 꽃과 잎이다. 꽃과 잎 모두 뜨거운 물에 20~30초쯤 담근 후 찬물에 헹구어 물기를 없애고 건조매트에 넣어 4~5일 건조한다. 잎이 두꺼우면 미세한 사포로 살짝 상처를 내어 건조해도 좋다. 잎은 변색이 잘 안 되는 편이나 꽃은 보통이다.

복수초(미나리아재비과)

Adonis amurensis

분포지역 | 한국 각지, 일본, 만주
서식장소 | 산지의 숲 속, 특히 석회암 지대
생태적 특성 | 다년생 식물로 높이가 10~30cm이다. 잎은 호생하고 길이가 3~10cm이다. 꽃은 3~5월에 황색으로 피며 가지 끝에 1개씩 달린다. 꽃잎은 20~30개로 꽃받침보다 길며 낮에는 수평으로 벌어진다. **채취시기 |** 겨울~봄
압화방법 | 압화로 사용하는 주 부위는 꽃인데, 줄기와 잎이 포함된 상태를 많이 이용한다. 꽃은 정면 얼굴, 접힌 얼굴, 꽃봉오리 등 꽃 표정을 고려하며, 꽃과 줄기를 함께 건조할 때는 꽃 표정을 위로 향하게 손으로 꽃 중앙 뒷부분 가운데를 살짝 눌러 표정을 잡아준다. 다른 꽃에 비해 줄기와 잎에 수분이 아주 많아서 매트를 자주 갈아주어야 하며, 건조매트에 넣어 4~6일 건조한다. 두꺼운 줄기는 칼로 살짝 금을 긋듯 상처를 내면 수분이 빨리 제거되어 색상이 선명하게 건조된다. 줄기를 절반으로 나누어 건조해도 되지만, 완전히 건조되었을 때 줄기가 얇아져 꽃 배열용지에 달라붙어 뜯기 어려울 수 있다. 잎은 건조할 때 어두운 색으로 변하는 편이어서, 녹색으로 물올림 염색하면 변색 없이 액세서리나 작품에 활용하기 좋다. 노란색 꽃도 변색을 방지하기 위해 노란색으로 염색해도 잘 된다. 변색은 잘 되는 편이다.

149

복주머니(난초과)

Cypripedium macranthum

분포지역 | 제주를 제외한 한국 각지, 동유럽, 시베리아, 일본, 중국 **서식장소** | 산지의 풀밭이나 숲 속 **생태적 특성** | 다년초로 근경은 옆으로 뻗고 마디에서 뿌리를 내며 줄기는 곧추서는데, 20~40cm이다. 꽃은 5~7월에 연한 자색 또는 홍자색으로 피고 줄기 끝에 지름 4~6cm의 꽃 1개가 밑을 향해 달린다. 꽃받침 조각은 난형으로 길이가 4~5cm이고 끝이 뾰족하며 밑 부분의 것은 합쳐져서 끝이 2개로 갈라진다. **채취시기** | 봄
압화방법 | 압화로 사용하는 주 부위는 꽃이다. 변색은 잘 안 되는 편이다.

부처꽃 (부처꽃과)

Lythrum anceps

분포지역 | 한국 각지, 일본 **서식장소 |** 습지나 냇가 **생태적 특성 |** 다년초로 줄기는 높이 50~100cm이고, 가지가 많이 갈라지며 전체에 털이 거의 없다. 잎은 피침형으로 2~6cm, 폭은 6~15mm이다. 꽃은 5~8월에 홍자색으로 피며, 꽃잎은 6개로 꽃받침통 끝에 달린다. **채취시기 |** 여름

압화방법 | 압화로 사용하는 주 부위는 꽃과 줄기이다. 꽃의 줄기를 반으로 절개하여 건조한다. 겹치는 꽃은 솎아내서 건조한다. 잎이 겹치면 솎아내는 것이 좋다. 건조에는 6~8일이 걸린다. 변색은 잘 안 되는 편이다.

부처손(부처손과)

Selaginella tamariscina

분포지역 | 한국 각지, 대만, 일본, 중국 **서식장소** | 산지의 양지바른 바위 위
생태적 특성 | 부처손과의 상록성인 다년초로 수많은 뿌리가 얽혀서 생긴 가경 끝에서 가지가 방사상으로 많이 붙으며 분지한다. 잎은 일그러진 난형으로 길이가 1.5~2mm이고, 끝이 실 같은 돌기로 되며, 가장자리에 잔 톱니가 있다.
압화방법 | 겹치지 않게 떼어 그대로 건조매트에 건조한다.

붉은병꽃나무(인동과)

Weigela florida

분포지역 | 한국 각지, 일본, 중국 **서식장소** | 산기슭 **생태적 특성** | 낙엽활엽 관목으로 높이가 2~3m쯤 자란다. 잎은 타원형으로 길이 4~10cm, 나비 2~4cm쯤이다. 꽃은 5월에 짙은 홍자색으로 피며 꽃받침은 5개로 길이가 6~13mm이고 화관은 길이가 3~4cm쯤이다. **채취시기** | 봄
압화방법 | 가지를 세로로 3분의 2쯤 잘라서 꽃과 함께 건조한다. 꽃만 따로 말리기도 한다.

붓꽃(붓꽃과)

Iris sanguinea

분포지역 | 한국 각지, 몽골, 일본 **서식장소** | 야산 **생태적 특성** | 다년초로 화경은 곧추서고 30~60cm쯤 자란다. 잎은 곧추서고 선형으로 길이 30~50cm, 나비 5~10mm이다. 꽃은 5~6월에 자색으로 피고 화경 끝에 2~3개씩 달린다. **채취시기** | 봄
압화방법 | 잎은 뒷면을 사포질하여 말린다. 꽃은 창포와 같은 방법으로 건조하여 조립한다.

비비추(백합과)

Hosta longipes

분포지역 | 강원, 경기 이남, 일본 **서식장소** | 산지의 습한 바위틈이나 냇가
생태적 특성 | 다년초로 화경은 비스듬히 서며 높이는 30~40cm쯤 자란다. 잎은 뿌리에서 총생하며 비스듬히 퍼지고 난형으로 길이 10~13cm, 나비 8~9cm이다. 꽃은 연한 백자색으로 피고 길이 4cm의 꽃이 화경 상부에 한쪽으로 치우쳐서 총상으로 달린다. **채취시기** | 여름
압화방법 | 꽃대를 3분의 2쯤 세로로 잘라 꽃이 겹치지 않게 정리하여 건조한다.

비수리(콩과)

Lespedeza cuneata

분포지역 | 한국 각지, 대만, 인도, 일본, 중국, 오스트레일리아 **서식장소** | 들
생태적 특성 | 반관목성 다년초로 높이가 1m에 달하는 식물이다. 잎은 도피침형으로 길이 7~25mm, 나비 2~4mm이며, 끝은 둥글거나 오목하게 들어가고 가장자리는 밋밋하다. 꽃은 7~8월에 황백색으로 핀다. **채취시기** | 여름
압화방법 | 압화로 사용하는 주 부위는 꽃과 잎이다. 줄기를 적당히 잘라 그대로 건조한다. 변색은 보통인 편이다.

뻐꾹나리(백합과)

Tricyrtis macropoda

분포지역 | 경기 이남, 일본, 중국 **서식장소** | 산지의 숲 속 **생태적 특성** | 다년초로 줄기는 곧추서며 30~100cm쯤 자란다. 잎은 장타원형 또는 타원형으로 길이 5~15cm, 나비 2~7cm쯤이다. 꽃은 7월에 피고 백색으로 자주색의 반점이 있으며, 하부에 황색 반점이 있는 것도 있다. **채취시기** | 가을
압화방법 | 꽃의 암수술과 꽃잎을 따로 떼어 건조한 뒤 조립한다. 줄기와 봉오리는 세로로 3분의 2쯤으로 잘라 건조한다.

pressed flower

ㅅ

사상자 | 사위질빵 | 산골무꽃 | 산괴불주머니 | 산딸나무 | 산마늘 | 산부추 | 산수유나무 | 산오이풀 | 산자고 | 삼백초 | 삽주 | 상사화 | 새우난초 | 새팥 | 석산 | 석송 | 석잠풀 | 석창포 | 설유화 | 섬바디 | 소나무 | 솔나물 | 솔체꽃 | 솜나물 | 솜다리 | 솜대 | 솜방망이 | 쇠뜨기 | 수련 | 수선화 | 쉬땅나무 | 승마 | 싸리나무 | 쑥 | 쑥부쟁이 | 씀바귀 |

사상자(산형과)

Torilis japonica

분포지역 | 한국 각지, 인도, 일본, 중국, 히말라야 **서식장소** | 산과 들 **생태적 특성** | 2년초로 줄기는 곧추서며 높이가 30~70cm이다. 잎은 난상 3각형으로 길이가 5~10cm이다. 꽃은 6~8월에 백색으로 피고 가지와 줄기 끝에 달린다.
채취시기 | 여름
압화방법 | 꽃을 떼어 건조한다.

사위질빵 (미나리아재비과)

Clematis apiifolia

분포지역 | 한국 각지, 일본, 중국 **서식장소** | 산기슭 50~1,000m **생태적 특성** | 덩굴성 식물로 길이가 3m에 달하고 줄기에 모가 있으며, 짧은 털이 있다. 잎은 넓은 난형으로 길이가 4~7cm이며 끝이 뾰족하다. 꽃은 7~9월에 백색으로 피고, 꽃받침조각은 4개로 긴 타원형이다. **채취시기** | 여름

압화방법 | 압화로 사용되는 주 부위는 꽃과 줄기이다. 꽃의 줄기를 적당한 길이로 잘라 건조한다. 건조에는 5~7일 걸린다. 색깔은 염색하지 않은 것에서부터 염색한 빨강, 주황, 분홍, 보라 등 다양하다. 변색은 잘 안 되는 편이다.

산골무꽃(꿀풀과)

Scutellaria pekinense var. *transitra*

분포지역 | 한국 각지, 일본 **서식장소** | 산지 숲 속 **생태적 특성** | 다년초로 지하경이 옆으로 길게 뻗으며 줄기는 곧추서고 높이가 15~40cm이다. 잎은 난형 또는 3각상 난형으로 길이 1.5~4cm, 나비 1~3cm이다. 꽃은 5~6월에 연한 자색으로 피고 줄기 끝에 총상으로 달리며 화서는 3~6cm이다. **채취시기** | 여름 **압화방법** | 잎과 함께 적당한 길이로 잘라 그대로 건조한다.

산괴불주머니(양귀비과)

Corydalis speciosa

분포지역 | 한국 각지, 만주, 사할린, 일본
서식장소 | 산지 **생태적 특성** | 2년초로 높이가 50cm에 달하고 전체에 분백색이 돈다. 잎은 길이 10~15cm, 나비 4~6cm이고 난형이다. 꽃은 4~5월에 황색으로 피고 줄기와 가지 끝에 총상화서로 꽃이 많이 달린다. **채취시기** | 봄
압화방법 | 압화로 사용하는 주 부위는 꽃과 줄기이다. 변색은 매우 잘 되는 편이다.

산딸나무(층층나무과)

Cornus kousa

분포지역 | 황해·경기 이남, 일본, 중국 **서식장소** | 산지 숲 속 **생태적 특성** | 낙엽활엽 교목으로 높이가 10m에 달한다. 잎은 타원형 또는 난원형으로 길이 5~12cm, 나비 3.5~7cm이다. 꽃은 6월에 연한 황색으로 피는데, 가지 끝에 길이 5~10cm의 자루에 두상화서로 20~30개가 구형으로 모여 달린다. **채취시기** | 봄
압화방법 | 잎과 꽃은 따로 떼어 건조매트에서 건조한다.

산마늘(백합과)

Allium victorialis

분포지역 | 강원, 경남, 경북, 일본 등 **서식장소** | 깊은 숲 속 **생태적 특성** | 다년초로 인경은 피침형으로 길이가 4~7cm이며, 화경은 곧추서고 높이가 40~70cm이다. 잎은 2~3개이고 장타원형 또는 타원형으로 길이 20~30cm, 나비 3~10cm이다. 꽃은 5~7월에 백색 또는 연한 자색으로 피고 화경 끝에 산형화서로 달리는데 소화경은 길이가 1.5~3cm이다. **채취시기** | 여름
압화방법 | 꽃을 낱개로 떼어 말리거나 꽃대를 세로로 2분의 1쯤으로 잘라 건조한다.

산부추(백합과)

Allium thunbergii

분포지역 | 한국 각지, 대만, 일본, 중국 **서식장소** | 산 **생태적 특성** | 다년초로 인경식물이며, 화경은 높이가 30~100cm쯤 자란다. 잎은 3~6개이고 선형으로 길이 20~60cm, 나비 2~8mm이다. 꽃은 8~11월에 홍자색으로 피고 화경 끝에 많은 꽃이 산형으로 달린다. **채취시기** | 가을
압화방법 | 꽃을 낱개로 떼어 말리거나 꽃대의 뒷면을 칼로 긁고 꽃의 뒷면을 정리한 후 건조한다.

산수유나무 (층층나무과)

Cornus officinalis

분포지역 | 중국 원산 **서식장소** | 중부 이남에 식재 **생태적 특성** | 낙엽활엽 소교목으로 높이가 4~7m에 달하고 수피는 연한 갈색이다. 꽃은 3~4월에 잎보다 먼저 황색으로 핀다. **채취시기** | 봄

압화방법 | 꽃을 하나씩 낱개로 떼어 건조한다. 줄기는 세로로 2분의 1쯤 잘라 건조한다.

산오이풀(장미과)

Sanguisorba hakusanensis

분포지역 | 한국 각지 **서식장소** | 높은 산 **생태적 특성** | 다년초로 높이는 40~80cm이다. 잎은 타원형으로 길이 3~6cm, 나비 1.5~3.5cm이다. 꽃은 8~9월에 홍자색으로 피고 가지 끝에 4~10cm의 원주형 수상화서로 달리며 위에서부터 피기 시작한다. 꽃잎은 없고 꽃받침은 4개이다. **채취시기** | 여름

압화방법 | 높은 산에 자생하기 때문에 채집이 어려운 편이다. 줄기는 적당한 길이로 잘라 건조한다. 가지가 겹치지 않도록 잘라서 나눈다. 줄기는 부드러운 사포로 문지른 다음 건조매트에 올려놓고 건조한다. 꽃봉오리나 잎 윗면을 살려 작품을 만들어도 재미있다. 건조에는 5~7일 걸린다.

산자고(백합과)

Tulipa edulis

분포지역 | 한국 각지, 일본, 중국 **서식장소** | 양지바른 풀밭

생태적 특성 | 인경 다년초로 화경은 15~30cm이다. 잎은 선형으로 15~25cm, 나비 5~10mm이다. 꽃은 4~5월에 피고 백색 바탕에 자색 맥이 있으며, 소화경은 길이가 2~4cm이다. **채취시기** | 봄

압화방법 | 압화로 사용하는 주 부위는 꽃과 줄기이다. 꽃대를 적당한 길이로 잘라 정면 얼굴, 꽃봉오리 등 꽃 표정을 살려 건조매트에 넣어 3~4일 건조한다. 잎과 함께 건조하여 작품에 활용하는 것이 좋다. 변색은 보통인 편이다.

삼백초(삼백초과)

Saururus chinensis

분포지역 | 제주, 일본, 중국, 필리핀 **서식장소** | 습지 **생태적 특성** | 다년초로 전체에 특이한 냄새가 있고, 높이는 50~100cm쯤 자란다. 잎은 넓은 난형으로 길이 5~15cm, 나비 3~8cm이다. 꽃은 6~8월에 백색으로 피며 10~15cm의 총상화서에 달린다. **채취시기** | 여름
압화방법 | 꽃 이삭은 세로로 3분의 1쯤에서 절개하고, 잎은 그대로 건조매트에 올려놓고 압화한다. 줄기는 3분의 1 또는 반으로 쪼개어 건조한다.

삽주(국화과)

Atractylis japonica

분포지역 | 한국 각지, 일본, 중국 서식장소 | 산의 건조한 양지 생태적 특성 | 다년초로 줄기는 곧추서고 상부에서 가지가 갈라지며 높이는 30~100cm쯤 자란다. 하엽은 장타원형으로 길이가 8~11cm이다. 꽃은 7~10월에 백색으로 피고 지름 15~20mm의 두화가 줄기와 가지 끝에 1개씩 달린다. 채취시기 | 여름~가을
압화방법 | 꽃과 잎을 같이 건조한다.

상사화(수선화과)

Lycoris squamigera

분포지역 | 중국에서 도래
서식장소 | 인가 부근
생태적 특성 | 다년초로 인경식물이며 화경은 곧추서고 50~80cm쯤 자란다. 잎은 인경 끝에서 4~5월경에 나오고 선형으로 길이 20~30cm, 나비 18~25mm이다. 꽃은 8~9월에 연한 홍자색으로 피고 화경 끝에 5~6개의 꽃이 산형화서로 달려 옆으로 향해 핀다.
채취시기 | 여름
압화방법 | 꽃대는 반으로 쪼개고, 꽃은 겹치지 않게 솎아낸다. 꽃자루와 자방 부분을 칼로 쪼갠 후 건조매트에 배열하여 압화한다. 꽃봉오리는 세로로 3분의 1쯤까지 쪼개어 압화한다. 흰색 대지 위에 빨간 꽃을 중심으로 작품을 만들어도 아름답다.

새우난초 (난과)

Calanthe discolor

분포지역 | 한국 각지, 일본, 중국 **서식장소** | 산 **생태적 특성** | 난과식물로 다년초이다. 뿌리(지하경)에 마디가 많고, 굴곡져 있는데 이것을 새우에 비유한 데서 이름이 유래했다. 꽃대는 높이가 30~50cm이고 1~2개의 인편엽이 있다. 잎은 2~3개가 근생하고 도란상 장타원형으로 길이 15~25cm, 나비 4~8cm이다. 꽃은 4~5월에 암갈색으로 피고 8~15개의 꽃이 총상으로 달린다. **채취시기** | 가을

압화방법 | 줄기를 적당한 길이로 잘라 세로로 3분의 2쯤까지 자른 다음 꽃이 겹치지 않게 건조한다. 잎은 그대로 말린다.

새팥(콩과)

Vigna angularis

분포지역 | 한국 각지, 일본, 중국 **서식장소** | 들 **생태적 특성** | 1년생 덩굴성 식물로 줄기는 가늘고 길며 다른 물체에 감겨 올라가고 전체에 퍼진 털이 있다. 잎은 난형으로 길이 3~7cm, 나비 2~5cm이다. 꽃은 8월에 연한 황색으로 피는데, 긴 화경이 나와 끝에 2~3개의 꽃이 달린다. **채취시기** | 가을

압화방법 | 꽃대를 자른 후 다리미 온도를 나일론에 맞추어 누르면서 80~90% 건조한다. 잎은 끓는 물에 20~30초 동안 넣었다가 찬물에 식혀 물기를 제거하고 건조매트에 건조한다.

석산(수선화과)

Lycoris radiata

분포지역 | 일본에서 도래 **서식장소** | 산기슭이나 풀밭 **생태적 특성** | 다년초로 남부지방의 산기슭이나 풀밭에서 무리지어 자라며, '꽃무릇'이라고도 한다. 꽃은 8~10월에 붉은색으로 핀다. **채취시기** | 가을

압화방법 | 꽃이 달린 꽃대를 적당한 길이로 잘라 건조한다. 꽃이 피었을 때는 꽃만 따서 꽃의 표정을 잡아 매트에 건조하기도 하고, 꽃과 줄기를 함께 건조할 때는 꽃이 서로 겹치지 않게 꽃의 표정을 잡아 매트에 건조한다. 두꺼운 줄기는 칼로 금을 긋듯 살짝 상처를 내면 수분이 빨리 제거되어 색상이 선명하게 건조된다. 줄기를 절반으로 나누어 건조해도 되지만, 완전히 건조되었을 때 줄기가 얇아져 꽃 배열용지에 달라붙어 뜯어내기 어려울 수도 있으므로 너무 얇게 절단되지 않게 주의한다. 줄기에 수분이 많은 편이어서 매트를 자주 갈아주어야 한다. 건조매트에 넣어 4~7일 건조한다. 잎은 약간 두꺼워서 건조하기 어려우므로 따로 건조하고, 잎 뒷부분을 미세한 사포로 살짝 문질러 상처를 내어 수분이 쉽게 빠져나가게 한다. 건조된 꽃의 색상이 검붉으면 적색환원제 처리를 하여 색을 선명하게 한다. 구근과 함께 건조할 때는 구근의 뒷부분을 적당히 절단하여 안을 칼로 도려낸 뒤 티슈나 천으로 액을 닦아내고, 꽃 배열용지를 두껍게 올려놓거나 스펀지를 올려놓고 압화한다. 매트를 자주 갈아야 선명한 색상으로 건조할 수 있다. 흰색 대지 위에 빨간 꽃을 중심으로 작품을 만들어도 아름답다.

석송 (석송과)

Lycopodium clavatum var. *nipponicum*

분포지역 | 한국 각지, 온대지역 **서식장소** | 깊은 산 **생태적 특성** | 상록성 다년초로 줄기는 철사 모양이고 지면으로 길게 뻗으면서 사방으로 갈라진다. 군데군데에서 흰 부리를 내고 잎이 드문드문 달리는데, 잎은 송곳형으로 4~6mm이다. 가지 끝에는 길이 2~6cm의 포자낭 이삭이 3~6개씩 호생한다.
압화방법 | 압화로 사용하는 주 부위는 잎이다. 변색 정도는 매우 잘 되는 편이다.

석잠풀 (꿀풀과)

Stachys japonica

분포지역 | 한국 각지, 대만, 일본, 중국 **서식장소** | 산과 들 **생태적 특성** | 다년초로 줄기는 곧추서며 높이가 30~60cm쯤 자란다. 잎은 피침형 또는 장타원상 피침형으로 길이 4~8cm, 나비 1~2.5cm이다. 꽃은 6~9월에 연한 홍색으로 피고 가지와 줄기 위쪽 마디에 윤생한다. **채취시기** | 여름

압화방법 | 줄기를 적당한 길이로 잘라 그대로 건조한다.

석창포(천남성과)

Scorus gramineus

분포지역 | 중부 이남, 대만, 일본, 중국 **서식장소** | 평지에서 산지에 걸쳐 도랑가에 군생 **생태적 특성** | 다년초로 근경은 옆으로 뻗으며 마디가 많고 밑에서 실한 뿌리를 내린다. 잎은 근경 끝에서 총생하고 길이 20~50cm, 나비 5~11mm이며, 전체가 대검 같은 선형으로 끝이 뾰족하다. 꽃은 6~7월에 연한 황색으로 피고 화경은 높이 10~30cm, 길이 8~10.5cm이다.
압화방법 | 압화에 사용하는 주 부위는 잎이다. 변색은 보통인 편이다.

설유화(장미과)

Spiraea thunbergii

분포지역 | 한국, 일본, 중국 **서식장소** | 관상수 **생태적 특성** | 낙엽관목으로 '가는잎조팝나무'라고도 하며, 1.5m쯤 자라는데 가지가 길고 끝이 처진다. 잎은 밝은 녹색이다. 꽃은 3~4월에 흰색 꽃이 산형으로 달려 총상화서를 이룬다. **채취시기** | 봄
압화방법 | 꽃이 달린 가지를 적당한 길이로 잘라 건조매트에 그대로 건조하면 색상이 선명하게 잘 나오고, 건조기간도 3~4일이면 된다. 가지를 곡선 모양 등 선을 살려 건조하면 작품에 사용하기 좋다. 꽃이 달린 가지를 원하는 색상의 염색액에 물올림 염색하면 변색되지 않아 스탠드나 동양적인 느낌을 표현할 때 사용한다. 흰색 외에 빨강, 노랑, 파랑 등 다양한 색으로 염색된 것이 유통한다. 염색화는 변색이 잘 안 되는 편이다. 국내산과 중국산이 유통된다. 꽃이 진 뒤 잎만 달린 가지를 건조하기도 하는데, 잎이 너무 많으면 적당히 제거한 뒤 말린다. 잎 또한 녹색이나 적색으로 염색하면 여름, 가을 풍경 작품에 사용하기 좋다.

섬바디 (산형과)

Dystaenia takesimana

분포지역 | 한국 **서식장소** | 야산 **생태적 특성** | 다년초로 줄기는 장대하고 윗부분에서 가지가 갈라지며 마디가 4~5개 있고 높이가 2m에 달한다. 꽃은 7월에 백색으로 피고 줄기와 가지 끝에 달린다.

압화방법 | 둥근 레이스 모양의 꽃을 낱개로 뜯어 건조하거나 꽃대를 세로로 3분의 2쯤까지 잘라 꽃과 함께 건조한다. 변색은 보통이다.
백색 꽃을 다양하게 염색하여 사용하기도 한다.

소나무(소나무과)

Pinus densiflora

분포지역 | 한국 각지, 일본, 중국 **서식장소 |** 1,800m 이하의 산지 **생태적 특성 |** 상록침엽교목으로 높이 35m, 지름 1.8m에 달하며 수피는 상부는 갈색이고 하부는 암적색이다. 잎은 침형으로 끝이 뾰족하고 길이 8~14cm, 나비 1.5mm 안팎이다.

압화방법 | 압화로 사용하는 주 부위는 껍질, 잎, 씨앗이다. 변색은 잘 안 되는 편이다.

솔나물(꼭두서니과)

Galium verum

분포지역 | 한국 각지
서식장소 | 야산
생태적 특성 | 다년초로 총생하고 곧추서며 윗부분에서 다소 가지가 갈라지고 높이는 30~100cm이다. 잎은 8~12개씩 윤생하는데, 선형으로 길이 2~3cm, 나비 1.5~3mm이다. 꽃은 6~8월에 황색으로 피고 원추화서에 꽃이 많이 달린다.
채취시기 | 여름
압화방법 | 압화로 사용하는 주 부위는 꽃과 줄기이다. 흔한 식물로 재배와 채집이 쉬워 대량생산이 가능한 소재이다. 만개한 꽃을 털어내고 건조한다. 건조 소요일은 5~7일이다. 변색은 보통인 편이다.

솔체꽃(산토끼꽃과)

Scabiosa tschiliensis

분포지역 | 강원, 경북 이북, 중국
서식장소 | 심산지역
생태적 특성 | 2년초로 줄기는 곧추서고 높이가 50~90cm쯤 자란다. 중앙부의 잎은 길이 9cm, 나비 3cm쯤이고 포엽은 선형이다. 꽃은 7~9월에 하늘색으로 피고 가지와 줄기 끝에 두상화서로 달린다.
채취시기 | 여름
압화방법 | 줄기의 선을 살려 세로로 3분의 2쯤까지 잘라서 꽃과 함께 건조한다. 정면의 꽃은 따로 떼어 말린다.

솔나물

솜나물(국화과)

Leibnitzia anandria

분포지역 | 한국 각지, 동시베리아, 몽골, 일본, 중국
서식장소 | 숲 속의 건조한 곳
생태적 특성 | 다년초로 근경은 짧고 화경은 10~20cm쯤 자란다. 잎은 근생하고 봄에는 작은 난형이나 여름에는 길이 10~16cm, 나비 4~5cm까지 자란다. 꽃은 5~9월에 백색 또는 연한 자색으로 피고 지름 15mm쯤의 두화가 화경 끝에 1개 달린다.
채취시기 | 봄
압화방법 | 꽃의 정면 얼굴과 꽃대를 적당한 길이로 잘라 손으로 꽃 표정을 살려 건조매트에 그대로 건조하며, 건조기간도 2~3일이면 된다.

솜다리(국화과)

Leontopodium coreanum

분포지역 | 강원, 제주
서식장소 | 높은 산
생태적 특성 | 다년초로 밑 부분은 묵은 잎으로 덮여 있다. 줄기는 곧추서며 높이는 15~25cm이고 면모(綿毛)로 싸여 있으며 때로 회백색이다. 잎은 길이 2~7cm, 나비 6~12mm이고 밑이 좁아져 엽병처럼 되며 표면에 면모가 다소 있고 뒷면은 회백색이다. 꽃은 7~8월에 황색으로 피고 줄기 끝에 모여 달리며 화경은 1~20mm이다.
채취시기 | 여름
압화방법 | 압화로 사용하는 주 부위는 꽃과 줄기이다. 변색은 매우 안 되는 편이다.

솜나물

솜대(백합과)

Smilacina japonica

분포지역 | 한국 각지, 일본, 중국 **서식장소** | 산지 숲 속 **생태적 특성** | '풀솜대' 라고도 하는 다년초로 근경은 옆으로 뻗고 줄기는 곧추서며 상반부는 비스듬히 뻗는데, 높이가 20~60cm쯤이다. 잎은 장타원형, 타원형 또는 난형으로 길이가 6~13cm, 나비 2~5cm이다. 꽃은 5~7월에 백색으로 피고 소화경은 길이 2~3mm이다. **채취시기** | 봄

압화방법 | 꽃대는 그대로 건조하고, 줄기는 뒤쪽을 칼로 긁어 잎과 함께 건조한다.

솜방망이 (국화과)

Senecio integrifolius

분포지역 | 한국 각지, 대만, 일본, 중국 **서식장소** | 양지바르고 건조한 풀밭 **생태적 특성** | 다년초로 줄기는 곧추서고 높이가 20~65cm쯤 자란다. 근엽은 긴 타원형으로 길이 5~10cm, 나비 1.5~2.5cm이다. 꽃은 5~6월에 황색으로 피고 줄기 끝에 3~9개의 두화가 산형으로 비슷하게 달리며 지름이 3~4cm이고 화경은 길이가 1.5~5cm이다. **채취시기** | 봄

압화방법 | 꽃대 하나에 꽃이 여러 개 달리므로 겹치는 꽃은 따서 따로 건조하며, 꽃목을 바싹 잘라 꽃 표정을 잡은 뒤 압화한다. 줄기가 두꺼우면 칼로 금을 긋듯 줄기에 살짝 상처를 내어 건조매트에 넣어 3~4일 건조한다.

쇠뜨기(속새과)

Equisetum arvense

분포지역 | 한국 각지, 북반구의 난대 이북 한대 **서식장소** | 들 **생태적 특성** | 다년초로 지하경을 옆으로 길게 뻗으며 번식한다. 생식경은 봄에 나와서 끝에 붓대가리 같은 포자낭 이삭을 형성하고 마디에 비늘 같은 잎이 윤생한다. 영양경은 좀 늦게 나오며 지상에서 곧추서고 높이가 30~40cm로 속이 비어 있다. 마디에는 가지와 비늘조각같이 퇴화한 잎이 붙어 있다. **채취시기** | 봄

압화방법 | 쇠뜨기는 포자가 없는 것을 건조한다. 포자가 덜 빠진 것을 건조하면 푸른색 가루가 나와 좋지 않다. 수분이 아주 많아서 건조매트를 자주 갈아주지 않으면 색상이 누렇게 된다. 건조기간은 5~6일 소요된다. 두꺼운 줄기는 살짝 칼로 금을 긋듯 상처를 내면 색상이 선명하게 건조된다. 볏짚색깔로 바구니, 울타리, 형인작 등에 주로 사용한다. 압화로 사용하는 주 부위는 줄기이다. 색깔은 잘 변하지 않는 편이다.

수련(수련과)

Nymphaea tetragona

분포지역 | 중부 이남, 대만, 북미, 일본, 유럽, 중국 **서식장소** | 연못 등 **생태적 특성** | 다년생 수초로 근경은 굵고 짧으며 뿌리가 많이 난다. 잎은 뿌리에서 나고 원형 또는 난상 타원형으로 길이 5~12cm, 나비 8~15cm이다. 꽃은 6~8월에 피고, 긴 화경 끝에 1개씩 달린다.

압화방법 | 건조에는 기술과 시간이 필요한데, 꽃잎을 분리하여 잎과 함께 건조한다. 7~8일이면 건조된다.

수선화(수선화과)

Narcissus tazetta var. *chinensis*

분포지역 | 지중해 연안, 한국, 중국, 일본 원산 **서식장소 |** 습기가 많으면서 물 빠짐이 잘 되는 곳에 자생한다.

생태적 특성 | 다년초로 화경은 곧추서며 높이는 2~40cm인데 최근 미니종도 재배되고 있다. 잎은 선형으로 10~40cm, 나비 5~16mm이다. 꽃은 12~3월에 피며, 화경 끝에 5~6개의 꽃이 옆을 향해 핀다.

채취시기 | 봄

압화방법 | 압화로 사용하는 주 부위는 꽃과 줄기이다. 꽃은 정면 얼굴, 접힌 얼굴, 옆얼굴, 꽃봉오리 등 꽃 표정을 다양하게 압화한다. 꽃과 줄기를 함께 건조할 때는 꽃 표정을 위로 향하게 손으로 꽃 중앙 뒷부분 가운데를 살짝 눌러 표정을 잡아준다. 줄기가 두꺼우면 칼로 금을 긋듯 줄기에 살짝 상처를 내면 수분이 빨리 제거되어 색상이 선명하게 건조된다. 줄기를 절반으로 나누어 건조해도 되지만, 완전히 건조되었을 때 줄기가 얇아져 꽃 배열용지에 달라붙어 뜯어내기가 어려울 수도 있다.

수선화 건조에서는 꽃자루 부분에 있는 씨방을 완전히 제거해야 한다. 그렇지 않으면 꽃은 건조되었어도 씨방 부분은 잘 건조되지 않아 변색의 원인이 된다. 다른 꽃에 비해 줄기와 잎에 수분이 아주 많은 편이어서 매트를 자주 갈아주어야 하며, 건조매트에 넣어 4~6일 건조한다. 잎이 두꺼운 편이어서 미세한 사포로 잎 뒷부분을 살짝 상처를 내어 압화한다. 변색은 보통인 편이다.

쉬땅나무(장미과)

Sorbaria sorbifolia var. *stellipila*

분포지역 | 중부 이북, 일본, 중국, 동시베리아 **서식장소** | 산기슭의 양지 **생태적 특성** | 낙엽활엽 관목으로 2m쯤 자란다. 잎은 넓은 피침형으로 길이 6~10cm, 나비 1.5~2cm이다. 꽃은 6~7월에 백색으로 피고 가지 끝에 총상화서로 꽃이 많이 달린다. **채취시기** | 여름

압화방법 | 흰꽃을 염색하여 다양하게 색을 낼 수 있다. 총상화이지만 조팝나무처럼 꽃이 잘 떨어지는 편이어서 중간쯤 피었을 때 줄기째 건조한다. 봉오리일 때 염색액에 물을 올리면 염색이 예쁘게 잘 된다.

승마 (미나리아재비과)

Cimicifuga heracleifolia

분포지역 | 지리산 이북, 만주
서식장소 | 산지의 물가나 숲 속
생태적 특성 | 다년초로 줄기는 곧추서며 높이가 1.2m에 달한다. 잎은 엽병이 길며 소엽은 넓고 큰 난형이다. 꽃은 8~9월에 백색으로 피며 줄기 끝에 달린다. **채취시기** | 여름
압화방법 | 압화로 사용하는 주 부위는 꽃이다. 건조매트에 건조한다.

싸리나무(콩과)

Lespedeza bicolor

분포지역 | 한국 각지, 몽골, 중국 **서식장소** | 산지 **생태적 특성** | 낙엽활엽 관목으로 높이가 3m에 달하고 줄기는 월동 중 반 이상이 고사한다. 잎은 넓은 난형 또는 도란형으로 길이가 2~5cm이며, 양끝은 둥글고 가장자리는 밋밋하다. 꽃은 7월에 홍자색으로 피고 가지 끝에 원추화서로 달린다. **채취시기** | 가을
압화방법 | 압화로 사용하는 주 부위는 꽃, 줄기, 잎이다. 변색은 보통인 편이다.

쑥(국화과)

Artemisia princeps

분포지역 | 한국 각지, 일본 서식장소 | 산과 들 생태적 특성 | 국화과의 다년초로 높이가 50~120cm쯤 자라는 식물이다. 채취시기 | 봄
압화방법 | 잎을 그대로 건조매트에 건조한다.

쑥부쟁이(국화과)

Kalimeris yomena

분포지역 | 한국 남부지역, 일본 **서식장소** | 들 **생태적 특성** | 다년초로 줄기는 곧추서고 상부에서 가지를 치며 30~100cm쯤 자란다. 잎은 장타원형으로 길이 8~10cm, 나비 3cm 안팎이다. 꽃은 7~10월에 연한 자색으로 피고 가지와 줄기 끝에 산방상으로 달리며 두화는 3cm 안팎이다. **채취시기** | 여름~가을
압화방법 | 줄기는 뒷면을 칼로 긁어 상처를 낸 뒤 꽃의 표정을 살려 건조한다.

씀바귀(국화과)

Ixeris dentata

분포지역 | 평남 이남, 일본 **서식장소** | 산과 들 **생태적 특성** | 다년초로 근경은 짧고 줄기는 곧추서며 상부에서 가지가 갈라지는데, 높이는 20~50cm이다. 근엽은 긴 타원형으로 끝이 뾰족하다. 꽃은 5~7월에 황색으로 피고 지름 15mm쯤의 두화가 줄기 끝에 달린다. **채취시기** | 봄

압화방법 | 줄기, 꽃, 잎을 함께 건조하는 것이 좋다. 대체로 3~4일이면 건조된다. 줄기와 함께 건조할 때는 꽃 표정을 위로 향하게 손으로 꽃대 뒷부분 가운데를 살짝 눌러 표정을 잡아 건조매트에 넣어 2~3일이면 건조된다.

ㅇ

pressed flower

야그배나무 | 아까시나무 | 애기나리 | 애기수영 | 앵초 | 약모밀 | 양지꽃 | 어수리 | 얼레지 | 엉겅퀴 | 여뀌 | 연꽃 | 염주괴불주머니 | 영아자 | 예덕나무 | 오이풀 | 옻나무 | 용담 | 용머리 | 우산나물 | 원추리 | 으아리 | 은방울꽃 | 은행나무 | 이고들빼기 | 이끼 | 이질풀 | 익모초

아그배나무(장미과)

Malus sieboldii

분포지역 | 황해, 경기 이남, 일본 **서식장소** | 산기슭 **생태적 특성** | 낙엽활엽관목 또는 소교목으로 높이가 10m에 달한다. 잎은 타원형 또는 난형으로 길이 3~8cm이다. 꽃은 5월에 백색으로 피고 짧은 가지 끝에 4~5개씩 우산형으로 달리며 소화경은 3cm쯤으로 털이 있다. 열매는 구형으로 9월에 홍색 또는 황홍색으로 익는다.

압화방법 | 압화로 사용하는 주 부위는 꽃, 줄기, 열매이다. 흰색 꽃을 사용하기도 하지만 염색 꽃을 주로 사용하는 편이다. 빨강, 노랑, 주황, 파랑, 분홍, 초록 등의 염료에 물올림 염색하여 꽃을 낱개로 따서 표정을 잡아 건조매트에 넣고 3~4일 건조한다. 배꽃보다 꽃이 작고 꽃 모양도 예뻐서 압화 액세서리, 스탠드, 풍경작품에 다양하게 사용된다. 변색은 보통인 편이다.

아까시나무(콩과)

Robinia pseudo-accacia

분포지역 | 북미 원산 **서식장소** | 야산 **생태적 특성** | 낙엽교목으로 높이가 25m에 달하고 턱잎이 가시로 변한다. 꽃은 5~6월에 백색으로 피고 향기가 강하며, 꽃받침은 5개로 얕게 갈라진다. **채취시기** | 봄

압화방법 | 꽃이 서로 많이 겹치지 않게 적당히 정리하여 매트에 넣어 건조한다. 꽃이 많을수록 수분이 많기 때문에 매트를 자주 갈아주는 것이 좋으며 5~6일 건조한다. 잎은 선명하게 잘 건조되는 편이므로 양면으로 잘 펼쳐서 압화한다.

애기나리(백합과)

Disporum smilacinum

분포지역 | 강원, 경기 이남, 일본 **서식장소** | 산지 숲 속 **생태적 특성** | 다년초로 줄기는 곧추서며 높이는 15~40cm쯤 자란다. 잎은 긴 타원형으로 길이 4~7cm, 나비 1.5~3.5cm이다. 꽃은 4~5월에 백색으로 피며 줄기 끝에 1~2개가 밑을 향해 달린다. **채취시기** | 봄
압화방법 | 줄기, 꽃, 잎을 같이 누른다. 줄기는 뒷면을 칼로 긁어서 건조한다.

애기수영(여뀌과)

Rumex acetocella

분포지역 | 중부 이남에 귀화 **서식장소** | 야산, 들 **생태적 특성** | 다년초로 20~50cm쯤 자란다. 잎은 창검 같은 모양이며, 길이 3~6cm, 나비 1~2cm이다. 꽃은 5~6월에 줄기 끝에서 홍록색으로 핀다. **채취시기** | 봄

압화방법 | 압화로 사용하는 부위는 꽃과 줄기이며, 색은 잘 변하지 않는 편이다. 선적인 소재로 자연색 그대로 사용해도 되고 원하는 색상으로 염색해 건조하면 쉽게 변색되지 않아 스탠드, 액자 작품에 다양하게 사용할 수 있다. 염색 후에 바로 건조하기보다 살짝 시들게 하여 선을 부드럽게 한 다음 곡선을 만들어 건조해도 좋다.

앵초(앵초과)

Primula sieboldii

분포지역 | 한국 각지, 시베리아, 일본, 중국 **서식장소** | 산지의 습지 **생태적 특성** | 다년초로 산지의 습지에서 자생하고, 근경은 짧고 옆으로 비스듬히 서며 자란다. 잎은 뿌리에서 총생하고 난형 또는 타원형으로 길이 4~10cm, 나비 3~6cm이다. 꽃은 7월에 홍자색으로 피고 잎 사이에서 높이 15~40cm의 화경이 나와 그 끝에 산형으로 달리며, 소화경은 길이가 2~3cm이다. **채취시기** | 봄 **압화방법** | 꽃과 잎을 압화하는데, 잎은 많이 겹치지 않게 주의해서 건조한다. 꽃은 하나씩 떼어내어 건조하는 것이 좋다. 건조기간은 2~3일 소요된다. 꽃잎이 너무 얇아 꽃 배열용지에 달라붙어 뜯어내기 어렵기 때문에 꽃 배열용지 대신 압화 천 배열 시트지를 사용하는 것이 좋다. 색상은 빨리 변색된다.

약모밀(삼백 초과)

Houttuymia cordata

분포지역 | 경북, 대만, 일본, 중국, 히말라야 **서식장소 |** 숲 속 **생태적 특성 |** 다년초로 악취가 나며 줄기는 높이가 20~50cm이고 근경은 가늘고 길며 백색이고 옆으로 뻗는다. 잎은 난상심장형으로 길이 3~8cm, 나비 3~6cm이다. 꽃은 5~6월에 피고 줄기 끝에서 짧은 화경이 나와 그 끝에 1~3cm의 수상화서가 발달한다.

압화방법 | 압화로 사용하는 주 부위는 꽃과 잎이다. 재배와 채집이 쉬워 대량 생산이 가능하다. 꽃과 잎을 분리하여 건조한다. 5~6일이면 건조된다. 꽃(화수)은 자루 모양으로 되는 쪽을 3분의 1쯤 제거한다. 줄기는 세로로 3분의 1을 제거하거나 반으로 쪼개어 건조매트에 놓고 말린다. 잎은 그대로 압화한다.

양지꽃(장미과)

Potentilla fragarioides var. *major*

분포지역 | 한국 각지, 일본 중국 **서식장소** | 야산의 양지바른 곳 **생태적 특성** | 다년초로 전체에 긴 털이 있고 높이는 5~30cm이다. 잎은 타원형으로 길이 1.5~5cm, 나비 1~3cm이다. 꽃은 4~7월에 황색으로 피고 지름은 15~20mm 이다. **채취시기** | 봄
압화방법 | 압화로 사용하는 주 부위는 꽃과 줄기이다. 꽃잎과 잎줄기로 봄을 연출하기에 좋은 소재이다. 꽃은 한 송이씩, 잎은 잘 펴서 건조한다. 2~3일이면 색상 그대로 잘 건조된다. 변색은 매우 잘 되는 편이다.

어수리(산형과)

Heracleum moellendorffii

분포지역 | 한국 각지, 만주, 일본 **서식장소** | 야산 **생태적 특성** | 다년초로 줄기는 곧추서고 속이 비며 세로로 줄이 있고 높이는 70~150cm이다. 꽃은 7~8월에 백색으로 핀다. **채취시기** | 여름

압화방법 | 압화로 사용하는 주 부위는 꽃과 줄기이다. 변색은 잘 안 되는 편이다.

얼레지 (백합과)

Erythronium japonicum

분포지역 | 제주를 제외한 한국 각지, 일본, 중국
서식장소 | 산중의 비옥한 땅
생태적 특성 | 다년초로 높은 산속의 비옥한 땅에 자생한다. 봄철에 20~25cm 쯤 화경이 나오고 그 밑 부분에 2개의 잎이 지면 가까이에 달린다. 꽃은 4~5월에 자색으로 피고 화경 끝에 1개의 꽃이 밑을 향해 달린다.
채취시기 | 봄
압화방법 | 꽃대를 적당한 길이로 잘라 정면 얼굴, 접힌 얼굴, 꽃봉오리 등 꽃 표정을 살려 손으로 지긋하게 눌러 건조매트에 넣어 4~5일 건조한다. 꽃대가 두꺼우면 줄기에 칼로 살짝 금을 긋듯 상처를 내면 빨리 건조된다. 건조 후 꽃 색상의 변색이 잘 되는 편이라 건조제를 넣어 밀봉해서 보관해야 한다. 잎은 두꺼운 편이어서 미세한 사포로 잎 뒷부분을 살짝 상처 낸 뒤 건조매트에 넣어 압화한다.

엉겅퀴(국화과)

Cirsium japonicum

분포지역 | 한국 각지, 일본, 중국
서식장소 | 야산 **생태적 특성** | 다년초로 줄기는 곧추서고 가지가 갈라지며 높이는 50~100cm로 전체에 백색 털과 더불어 거미줄 같은 털이 있다. 꽃은 6~8월에 자색으로 피고 지름 3~5cm의 두화가 가지와 줄기 끝에 달린다. **채취시기** | 여름
압화방법 | 줄기에서 꽃까지 반으로 쪼갠다. 꽃 내측의 꽃술과 여분의 꽃잎을 솎아낸 다음 건조매트에 올려놓고 건조한다. 엉겅퀴의 가시는 단단해서 잘라두면 요긴하게 쓸 수 있다.

여뀌(여뀌과)

Persicaria hydropiper

분포지역 | 한국 각지, 북반구, 온대지역 **서식장소** | 습지 또는 물가 **생태적 특성** | 1년초로 줄기는 곧추서며 가지가 많이 갈라지고 높이는 40~60cm이며 홍갈색을 띤다. 잎은 피침형으로 길이 3~12cm, 나비 1~3cm이다. 꽃은 6~9월에 엷은 홍색으로 핀다. **채취시기** | 여름~가을
압화방법 | 압화로 사용하는 주 부위는 꽃과 줄기이다. 만개한 뒤에 건조하면 꽃 이삭이 떨어지므로 봉오리를 건조한다. 변색은 잘 안 되는 편이다.

연꽃(수련과)

Nelumbo nucifera

분포지역 | 한국 각지에 식재, 인도, 일본, 중국 **서식장소 |** 연못 **생태적 특성 |** 다년생 대형 수초이다. 꽃은 7~8월에 연한 홍색 또는 백색으로 피며 물 위로 올라온 긴 화경 끝에 1개씩 달린다. **채취시기 |** 여름

압화방법 | 압화로 사용하는 주 부위는 꽃과 뿌리이다. 염색 후에 바로 건조하기보다 살짝 시들게 하여 선을 부드럽게 한 후 곡선을 만들어 건조해도 좋다. 변색은 꽃의 경우 보통이지만 뿌리는 잘 변하지 않는 편이다.

염주괴불주머니(양귀비과)

Corydalis heterocarpa

분포지역 | 강원, 황해 이북, 일본
서식장소 | 바닷가 모래밭
생태적 특성 | 2년초로 전체에 분백색이 돌며 40~60cm쯤 자란다. 잎은 엽병이 길며 난상 삼각형이다. 꽃은 4~5월에 황색으로 피고 가지와 줄기 끝에 총상화서로 달린다.
채취시기 | 봄
압화방법 | 꽃이 서로 많이 겹치지 않게 적당히 정리하고 꽃 표정을 고려하여 매트에 넣어 건조한다. 줄기 부분에 수분이 많기 때문에 매트를 자주 갈아주는 것이 좋으며, 5~6일 건조한다.

영아자(초롱꽃과)

Asyneuma japonicum

분포지역 | 한국 각지, 만주, 일본
서식장소 | 산지의 낮은 지대
생태적 특성 | 다년초로 근경은 옆으로 뻗고 줄기는 곧추서며 50~100cm쯤 자란다. 잎은 난형 또는 장란형으로 길이 5~12cm, 나비 2.5~4cm이다. 꽃은 7~9월에 자색으로 피고 줄기 끝에 총상으로 달린다.
채취시기 | 여름
압화방법 | 꽃과 줄기를 같이 건조한다.

염주괴불주머니

예덕나무(대극과)

Mallotus japonicus

분포지역 | 한국 각지, 대만, 일본, 중국 **서식장소** | 산기슭, 골짜기 **생태적 특성** | 낙엽활엽 소교목 또는 관목으로 높이가 10m에 달하고 수피는 회색이다. 잎은 넓은 난형으로 길이 10~20cm, 나비 6~15cm이다. 꽃은 6월에 녹황색으로 피고 가지 끝에 8~20cm의 원추화서에 달린다. **채취시기** | 여름~가을 **압화방법** | 잎을 그대로 건조한다.

오이풀(장미과)

Sanguisorba officinalis

분포지역 | 한국 각지, 일본, 유럽, 중국, 중앙아시아 **서식장소** | 산과 들 **생태적 특성** | 다년초로 30~150cm쯤 자란다. 잎은 긴 타원형 또는 난형으로 길이 2.5~5cm, 나비 1~2.5cm쯤이다. 꽃은 6~9월에 어두운 홍자색으로 피며 줄기 끝에 1~2.5cm의 원주상 수상화서로 달린다. **채취시기** | 여름

압화방법 | 가지를 나누고, 줄기는 3분의 1쯤 쪼개어 남겨두고 제거한다. 꽃(이삭)도 3분의 1쯤 세로로 쪼개어 건조매트에 배열하여 건조한다. 쪼개어 제거한 이삭도 하나씩 건조매트에 배열하여 건조한다.

옻나무 (옻나무과)

Rhus verniciflua

분포지역 | 중국, 인도 원산이나 한국 각지에 야생으로 분포 **서식장소** | 산 **생태적 특성** | 낙엽활엽교목으로 높이가 20m에 달한다. 잎은 9~11개의 소엽으로 되어 있으며 길이 7~10cm, 나비 3~6cm이다. 꽃은 5~6월에 녹황색으로 피고 가지 끝에서 나온 길이 15~25cm의 원추화서에 달린다. **채취시기** | 가을 **압화방법** | 잎을 건조하면 좋으나 옻을 타는 사람은 주의해야 한다.

용담(용담과)

Gentiana scabra

분포지역 | 한국 각지, 일본, 중국 **서식장소 |** 야산 **채취시기 |** 여름 **생태적 특성 |** 다년초로 근경은 짧고 굵은 수염뿌리가 있으며 줄기는 곧추서고 높이는 20~60cm이다. 꽃은 8~10월에 자색으로 핀다. 귀한 식물로 채집이 어렵고 대량번식도 힘든 편이다. **채취시기 |** 가을

압화방법 | 꽃의 뒷부분을 잘라 수술을 제거한 후 꽃대 속에 꽃 배열용지를 끼워 분리하여 건조한다. 5~6일이면 건조된다. 잎은 뒷면을 사포로 문지른 다음 건조한다.

용머리(꿀풀과)

Dracocephalum argunense

분포지역 | 한국 각지, 일본, 중국, 동시베리아 **서식장소 |** 산 **생태적 특성 |** 다년초로 근경은 짧고 줄기는 총생하며 15~50cm쯤 자란다. 잎은 장타원상 피침형으로 길이 2~6cm, 나비 2~5mm이다. 꽃은 6~7월에 자색으로 피고 줄기 끝에 짧은 화수를 이루어 모여 달린다. **채취시기 |** 여름
압화방법 | 꽃과 줄기를 그대로 건조한다.

우산나물 (국화과)

Syneilesis palmata

분포지역 | 한국 각지, 일본 **서식장소** | 산지 **생태적 특성** | 다년초로 50~120cm쯤 자란다. 잎은 2~3개이고 방패 모양의 원형으로 지름이 35~50cm인데 잎이 나올 때는 우산 모양이다. 잎 뒷면에는 흰빛이 돈다. 꽃은 6~9월에 백색으로 피고 줄기 끝에 원추화서로 달린다. 두화의 지름은 8~10mm이고 화경은 길이 3~10mm이다. **채취시기** | 봄

압화방법 | 줄기는 3분의 1쯤 또는 반으로 쪼개어 건조매트에 배열하여 건조한다. 잎이 나올 때 우산 모양인데 이것을 압화하면 좋다.

원추리(백합과)

Hemerocallis fulva

분포지역 | 한국 각지, 동인도, 이란, 일본, 유럽, 중국 **서식장소** | 야산 **생태적 특성** | 다년초로 화경은 높이가 130cm에 달한다. 꽃은 6월에 등황색으로 피는데 화경 끝에 6~8개가 총상으로 달린다. **채취시기** | 여름

압화방법 | 줄기는 세로로 2분의 1 또는 3분의 1쯤 가른다. 잎의 뒷면은 사포로 문지른다. 옆모습의 꽃은 줄기와 함께 잘라서 꽃의 모습에 맞게 종이를 끼워 건조한다. 만개한 꽃의 암술은 두꺼운 부분을 3분의 1쯤 잘라 누르고, 수술은 헤어스프레이를 뿌려 말린 후 건조한다. 봉오리는 세로로 2분의 1쯤 잘라서 속을 파내고 휴지를 끼운다.

으아리 (미나리아재비과)

Clematis mandshurica

분포지역 | 한국 각지, 중국 **서식장소** | 산기슭과 들 **생태적 특성** | 덩굴성 식물로 길이가 2m에 달한다. 잎은 난형으로 끝이 점차 좁아진다. 꽃은 6~8월에 백색으로 피고 꽃받침 조각은 4~5개로 긴 타원형이다. **채취시기** | 여름 **압화방법** | 줄기와 잎은 함께 건조하는데, 만개한 꽃은 상처 나지 않게 주의해서 건조하고 꽃봉오리는 2분의 1쯤까지 자른다.

은방울꽃(백합과)

Convallaria keiskei

분포지역 | 경남 이북, 시베리아, 일본, 중국 **서식장소** | 산지에 군생 **생태적 특성** | 다년초로 지하경을 옆으로 길게 뻗으며 마디에서 새순과 수염뿌리를 낸다. 화경은 곧추서고 높이는 20~35cm이다. 꽃은 4~5월에 백색으로 피고 5~10개의 꽃이 총상으로 달린다. 꽃이 귀해 채집하기 어려운 편이다. **채취시기** | 봄

압화방법 | 꽃대를 적당한 길이로 잘라 꽃 모양이 서로 겹치지 않게 꽃 배열용지에 잘 배열하여 압화한다. 두꺼운 줄기는 칼로 금을 긋듯 살짝 상처를 내면 수분이 빨리 제거되어 색상이 선명하게 건조된다. 잎은 뜨거운 물에 20~30초쯤 담근 후 찬물에 헹구어 물기를 없애고 건조매트에 넣어 4~5일 건조한다. 은방울꽃은 본래의 흰색보다 어두운 크림색 계통의 색상으로 건조되므로 백색환원제 처리를 하여도 좋다. 꽃을 솎아내고 줄기를 적당한 크기로 잘라 건조하는데, 건조기술이 필요하다.

은행나무(은행나무과)

Ginkgo biloba

분포지역 | 고온지대를 제외한 온대지역 **서식장소 |** 공원 및 가로수로 이용 **생태적 특성 |** 낙엽성 교목으로 키는 60m 이상, 지름은 40m에 달한다. 잎은 짧은 가지 끝에 3~5개씩 모여 나며 부채 모양이고 가죽질의 짙은 녹색이다. **채취시기 |** 가을

압화방법 | 압화로 사용하는 주 부위는 잎이다. 잎의 크기에 따라 건조해놓으면 작품을 만들 때 다양하게 이용할 수 있다. 변색은 잘 안 되는 편이다.

이고들빼기(국화과)

Youngia denticulata

분포지역 | 한국 각지, 대만, 몽골, 일본, 중국 **서식장소** | 야산, 들 **생태적 특성** | 1~2년초로 줄기는 가지가 많이 갈라지며 높이는 30~70cm이다. 꽃은 8~9월에 황색으로 핀다. **채취시기** | 여름~가을

압화방법 | 압화로 사용하는 주 부위는 꽃, 줄기, 잎이다. 노란색 꽃은 변색이 잘 안 되는 편이다.

이끼(양치식물)

Moss

서식장소 | 그늘지고 습한 계곡이나 바위 **생태적 특성 |** 종류에 따라 차이가 있으나 대체로 습한 곳에서 잘 자라는 양치과 또는 이끼류이다.

압화방법 | 이끼는 흙이 붙어 있지 않게 정리하여 건조한다. 바위에 붙은 이끼는 비가 온 후 채취하는 것이 좋다.

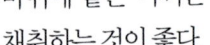

이질풀(쥐손이풀과)

Geranium thunbergii

분포지역 | 황해 이남, 일본, 중국 **서식장소** | 들, 길가 **생태적 특성** | 다년초로 줄기는 옆으로 비스듬히 또는 기어가며 길이가 30~70cm이다. 꽃은 8~9월에 연한 홍색, 홍자색 또는 백색으로 피며 꽃잎과 꽃받침 조각은 각각 5개이다. **채취시기** | 여름

압화방법 | 압화로 사용하는 주 부위는 꽃, 줄기, 잎이다. 개화한 것을 꽃과 잎을 채취한 후 적당한 크기로 나눠서 건조매트에 배열하여 건조한다. 꽃은 한 송이씩 따고 잎은 적당한 길이로 잘라 건조하는데, 5~6일이면 건조된다.

익모초(꿀풀과)

Leonurus japonicus

분포지역 | 한국 각지, 말레이시아, 인도, 중국, 일본
서식장소 | 낮은 산과 들
생태적 특성 | 2년초로 줄기는 곧추서고 모가 지며 50~150cm쯤 자란다. 잎은 엽병이 길고 결각 또는 둔한 톱니가 있으나 꽃이 필 때는 없어진다. 꽃은 7~8월에 연한 홍자색으로 핀다. **채취시기 |** 여름
압화방법 | 꽃의 뒷부분을 떼어낸 후 건조한다. 잎은 두꺼운 편이어서 그대로 말리면 누렇게 되기 쉽기 때문에 잎 뒷면을 사포로 가볍게 문질러 상처를 내어 수분이 쉽게 증발될 수 있게 처리하는 것이 좋다.

pressed flower

ㅈ

자란 | 자리공 | 자운영 | 자작나무 | 자주꽃방망이 | 자주쓴풀 | 작약 | 잔대 | 장성사초 | 전동싸리 | 전호 | 제비꽃 | 제비동자꽃 | 조개나물 | 조팝나무 | 족도리풀 | 족제비싸리 | 좀씀바귀 | 좁쌀풀 | 지리터리풀 | 지칭개 | 질경이 | 짚신나물 | 쪽 | 찔레나무

자란(난초과)

Bletilla striata

분포지역 | 한국의 유달산, 일본, 중국 남부 **서식장소** | 양지바르고 습기가 있는 곳 **생태적 특성** | 다년초로 줄기는 30~70cm쯤이다. 꽃은 4~6월에 홍자색으로 피고 3~7개의 꽃이 총상으로 달리는데 개화기간이 길다. **채취시기** | 봄 **압화방법** | 꽃대와 잎을 따로 건조해야 한다. 꽃대가 두꺼우면 칼로 금을 긋듯 살짝 상처를 내면 색상이 선명하게 건조된다. 꽃대를 잘라 분홍색 염색액에 물올림하여 사용하면 변색되지 않아 스탠드나 아크릴 수지가공 작품에 사용하기 좋다. 잎을 그대로 건조하면 검게 되기 때문에 끓는 물에 20~30초쯤 담갔다 찬물에 헹궈서 수건으로 물기를 없앤 후 건조매트에 넣어 4~5일 건조하면 선명한 녹색을 유지할 수 있다.

자리공(자리공과)

Phytolacca esculenta

분포지역 | 한국 각지(귀화식물), 중국 **서식장소** | 야산, 인가 근처 **생태적 특성** | 다년초로 100cm쯤 자란다. 잎은 타원형 또는 난상 타원형으로 길이 10~20cm, 나비 5~12cm쯤 자란다. 꽃은 5~6월에 백색으로 피며, 꽃받침은 5개, 수술은 8개이고 꽃밥은 연한 홍색이다. 과실은 장과로 흑자색이며 종자는 흑색으로 윤채가 있다. **채취시기** | 가을

압화방법 | 열매를 채취하여 3분의 1쯤 솎아내고 건조매트에 건조한다. 줄기는 3분의 1쯤 건조매트에 건조한다. 붉게 물든 잎을 압화해도 좋다. 열매의 씨앗은 형인작에서 눈을 표현하기도 한다.

자운영(콩과)

Astragalus sinicus

분포지역 | 중국 원산 **서식장소** | 녹비용으로 식재 **생태적 특성** | 2년초로 줄기는 길게 뻗으며 밑에서 갈라지고 높이는 10~25cm이다. 잎은 타원형으로 길이 6~20mm, 나비 3~15mm이다. 꽃은 4~6월에 홍자색으로 피고 10~20cm의 화경 끝에 7~10개의 꽃이 산형으로 달린다. **채취시기** | 봄
압화방법 | 압화로 사용하는 주 부위는 꽃과 줄기이다. 줄기와 꽃을 함께 건조한다. 가는 줄기는 칼로 상처를 내어 붙인다. 꽃은 정면을 향하게 줄기에서 분리하여 압화한다. 꽃의 색깔이 어둡게 나오면 적색환 원제 처리를 해서 선명한 색상으로 만들어준다. 꽃 낱개를 뜯어서 작은 새를 표현하는 데 사용하기도 한다. 변색은 잘 안 되는 편이다.

자작나무(자작나무과)

Betula platyphylla var. *japonica*

분포지역 | 평북, 함남북, 일본, 중국 **서식장소** | 200~2,100m 산지나 각지에서 식재 **생태적 특성** | 낙엽활엽교목으로 높이 25m, 지름 90cm에 달한다. 수피는 백색이고 종이같이 옆으로 벗겨진다. 잎은 삼각형 난형으로 길이 5~7cm, 나비 4~6cm이다. 꽃은 4~5월에 핀다.
압화방법 | 압화로 사용하는 주 부위는 나무껍질과 잎이다. 흰색과 녹색이 있는데, 껍질은 변색이 잘 안 되는 편이다.

자주꽃방망이(초롱꽃과)

Campanula glomerata var. *dahurica*

분포지역 | 경남 이북, 일본, 중국 **서식장소** | 산지의 초원 **생태적 특성** | 다년초로 줄기는 곧추서고 높이는 40~100cm쯤 자란다. 잎은 넓은 피침형 또는 좁은 난형으로 길이 5~10cm, 나비 1~3cm이며 끝이 뾰족하다. 꽃은 7~8월에 자주색으로 핀다. **채취시기** | 여름~가을
압화방법 | 꽃은 두상으로 모여 있어서 솎아낸 후 건조한다.

자주쓴풀(용담과)

Swertia pseudo-chinensis

분포지역 | 한국 각지, 일본, 중국 **서식장소** | 야산
생태적 특성 | 1~2년초로 뿌리는 쓴맛이 강하고 줄기는 곧추서며 높이는 15~20cm이다. 잎은 피침형으로 길이 2~4cm, 나비 3~8mm이다. 꽃은 9~10월에 연한 벽자색으로 피고 줄기 윗부분에 달려 전체가 원추형으로 되며 위에서부터 핀다.
압화방법 | 압화로 사용하는 주 부위는 꽃과 줄기이다. 만개한 꽃은 분리하고 줄기를 적당히 잘라 건조한다. 건조기간은 4~5일이다. 변색은 보통인 편이다.

작약(작약과)

Paeonia lactiflora

분포지역 | 한국 각지, 일본, 중국 **서식장소** | 깊은 산 **생태적 특성** | 다년초로 높이는 50~80cm로 자란다. 꽃은 5~6월에 적색 또는 백색으로 피고 줄기 끝에 1개씩 달린다. **채취시기** | 봄

압화방법 | 압화로 사용하는 주 부위는 꽃과 줄기이다. 꽃, 줄기, 잎을 따로 압화한다. 꽃은 꽃목을 바로 절단하여 표정을 잘 살려 건조매트에 넣어 4~5일 건조한다. 꽃은 홑겹, 겹꽃 상관없으며 색상 또한 흰색, 분홍, 자주 등 그대로 잘 건조된다. 꽃봉오리가 달린 줄기는 칼로 꽃대를 절반으로 절개해 속잎을 3분의 2 이상 제거한 뒤 씨방을 칼로 파내어 수분이 쉽게 제거되게 한다. 줄기는 칼로 살짝 금을 긋듯 상처를 내어 건조한다. 변색은 잘 안 되는 편이다.

잔대(초롱꽃과)

Adenophola triphylla

분포지역 | 한국 각지, 몽골, 일본
서식장소 | 산
생태적 특성 | 다년초로 뿌리가 굵고 줄기는 곧추서며 40~120cm쯤 자란다. 잎은 긴 타원형 또는 선상 피침형으로 4~8cm, 나비는 1~4cm쯤이다. 꽃은 7~9월에 하늘색으로 피고 줄기 끝에 원추화서로 달린다. 화관은 종형으로 끝은 강하게 또는 약간 오므라든다. **채취시기** | 여름
압화방법 | 꽃과 줄기를 같이 건조한다.

장성사초(사초과)

Carex kujuzana

분포지역 | 전남, 정읍, 일본
서식장소 | 산지의 풀밭
생태적 특성 | 다년초로 높이는 50~60cm쯤 자란다. 잎은 편평하고 나비가 3~4mm이며, 꽃이 진 뒤에 길어진다. 꽃은 5월에 피고 2~3개의 소수가 서로 떨어져 달린다.
압화방법 | 압화로 사용하는 주 부위는 꽃과 줄기이다. 변색은 매우 안 되는 편이다.

전동싸리(콩과)

Melilotus suaveolens

분포지역 | 귀화식물로 한국 각지, 일본, 중국, 중앙아시아
서식장소 | 야산
생태적 특성 | 2년초로 높이는 60~90cm쯤 자란다. 잎은 긴 타원형이며 길이 12~30mm, 나비 3~10mm쯤이다. 꽃은 7~8월에 황색으로 핀다. 귀한 꽃으로 채집이 어려운 편이다.
압화방법 | 꽃을 적당한 크기로 잘라 건조한다. 건조기간은 4~5일이다.

전호(산형과)

Anthriscus sylvestris

분포지역 | 한국 각지, 동유럽, 일본, 중국 **서식장소 |** 산지 **생태적 특성 |** 다년초로 뿌리는 굵고 줄기는 위쪽에서 분지하며 높이는 1m 안팎이다. 꽃은 5~6월에 백색으로 핀다. **채취시기 |** 여름

압화방법 | 압화로 사용하는 주 부위는 꽃이다. 변색은 잘 안 되는 편이다.

제비꽃 (제비꽃과)

Viola mandshurica

분포지역 | 한국 각지, 만주, 일본, 중국
서식장소 | 야산과 들 **생태적 특성 |** 다년초로 근경은 짧고 부리는 몇 개로 갈라진다. 잎은 뿌리에서 총생하고 피침형으로 길이 3~8cm, 나비 1~2.5cm이다. 꽃은 4~5월에 짙은 자주색으로 핀다. **채취시기 |** 봄
압화방법 | 압화로 사용하는 주 부위는 꽃과 줄기이다. 줄기, 꽃, 잎 모두 적당한 길이로 잘라 건조매트에 그대로 건조하며 색상이 선명하게 잘 나오고, 건조기간도 2~3일이면 된다. 꽃 표정을 다양하게 살려 건조한다. 꽃과 잎을 분리하여 건조한다. 변색은 매우 잘 되는 편이다.

제비동자꽃 (석죽과)

Lychnis wilfordi

분포지역 | 대관령 이북, 만주, 일본 **서식장소** | 산지의 풀밭 **생태적 특성** | 다년초로 줄기는 곧추서고 50~80cm쯤 자란다. 잎은 장란형으로 길이 3~7cm, 나비 1~2cm쯤이다. 꽃은 6~8월에 짙은 홍색으로 피며 줄기 끝에 달린다. **채취시기** | 여름
압화방법 | 줄기, 꽃, 잎 모두 적당한 길이로 잘라 건조매트에 그대로 건조하는데, 색상이 선명하게 잘 나온다.

조개나물 (꿀풀과)

Ajuga multiflora

분포지역 | 제주를 제외한 한국 각지, 중국 **서식장소** | 들 **생태적 특성** | 다년초로 줄기는 곧추서고 10~30cm쯤 자란다. 잎은 길이 1.5~5cm, 나비 1~2cm쯤이다. 꽃은 5~6월에 벽자색으로 핀다. **채취시기** | 봄
압화방법 | 꽃, 잎, 줄기를 같이 건조매트에 건조한다. 건조기간은 3~4일이다.

조팝나무(장미과)

Spiraea prunifolia for. *simpliciflora*

분포지역 | 함북을 제외한 각지, 대만, 중국
서식장소 | 양지바른 산기슭
생태적 특성 | 낙엽활엽관목으로 줄기는 총생하고 높이는 1.5~2m쯤 자란다. 꽃은 4월에 백색으로 피며 짧은 가지 끝에 달리고 소화경의 길이는 1.5cm쯤 이다.
채취시기 | 봄
압화방법 | 꽃 덩어리째 건조하기

도 하고, 한 송이씩 따서 건조하기도 한다. 흰색 꽃을 사용하기도 하지만 염색 꽃을 주로 사용하는 편이다. 빨강, 노랑, 주황, 파랑, 분홍, 초록 등의 염료에 물올림 염색하여 건조한다. 염색하지 않고 흰색 꽃을 그대로 건조하면 누렇게 변색될 수 있으므로 가능한 한 빨리 수분을 제거할 수 있게 건조매트를 자주 교체한다. 건조에는 3~4일쯤 걸린다. 낱개로 말린 꽃은 꽃 모양도 아주 작고 예뻐서 압화 액세서리를 만들 때 많이 쓰이며, 네일아트 소재로도 많이 사용된다. 덩이로 말린 꽃은 풍경 소재로 주로 사용한다. 압화로 사용하는 주 부위는 꽃과 줄기이다.

족도리풀 (쥐방울과)

Asarum sieboldii

분포지역 | 한국 각지, 만주, 일본 **서식장소** | 산지의 숲 속 **생태적 특성** | 다년초로 잎은 짧은 줄기 끝에서 2개가 나는데 심장형으로 나비가 5~12cm이고 끝이 뾰족하다. 꽃은 4~5월에 암자색으로 피고 잎이 나오려 할 때 꽃대가 나와 끝에 하향하는 꽃이 1개씩 달린다. **채취시기** | 봄

압화방법 | 압화로 사용하는 주 부위는 꽃과 잎이다. 꽃과 잎을 따로 압화한다. 꽃이 싱싱한 상태에서 압화하면 찢어질 수 있으므로 몇 시간 동안 시들게 하여 압화하면 꽃 모양 그대로 예쁘게 건조된다. 잎은 원래 색보다 조금 어둡게 건조되는 편이다. 꽃은 변색이 잘 안 되는 편이나 잎은 변색이 잘 되는 편이다.

족제비싸리(콩과)

Amorpha fruticosa

분포지역 | 북미 원산의 귀화식물 **서식장소** | 야산 **생태적 특성** | 낙엽활엽관목으로 높이가 3m에 달한다. 꽃은 5~6월에 자줏빛이 도는 하늘색으로 피고 향기가 강하며 가지 끝에 수상화서로 달린다. **채취시기** | 봄

압화방법 | 압화로 사용하는 주 부위는 꽃과 잎이다. 꽃 색상이 검회색을 띠는데, 꽃과 잎을 함께 압화하는 것이 좋다. 잎은 본래 색상보다 조금 어두운 색으로 건조되는 경향이 있다. 다른 싸리 종류보다 수분이 많은 편이므로 건조매트를 자주 갈아주면 더 선명한 색상으로 건조할 수 있다. 꽃은 적당한 길이로 자르고, 잎은 어린잎만 골라서 건조한다. 건조기간은 6~8일이다.

좀씀바귀(국화과)

Ixeris stolonifera

분포지역 | 한국 각지, 일본, 중국 **서식장소** | 양지바른 산기슭이나 들 **생태적 특성** | 다년초로 줄기는 몹시 가늘고 가지가 갈라져 땅위로 뻗으면서 번식하며 화경은 높이가 8~15cm쯤이다. 잎은 난형 또는 넓은 타원형으로 길이는 7~20mm, 나비는 5~15mm쯤이다. 꽃은 5~6월에 황색으로 피고 지름 2~2.5cm의 두화 1~3개가 화경 끝에 달린다. **채취시기** | 봄

압화방법 | 꽃의 줄기를 적당한 길이로 잘라 건조한다. 건조기간은 3~4일이다.

좁쌀풀(현삼과)

Euphrasia maximowiczii

분포지역 | 한국 각지, 일본, 중국 **서식장소** | 깊은 산 **생태적 특성** | 1년초로 줄기는 곧추서고 상부에서 가지가 갈라지며 높이는 15~30cm이다. 잎은 대생하고 난상 원형으로 길이 6~12mm, 나비 5~10mm이다. 꽃은 6~8월에 백색으로 피고 자색 줄이 있다. **채취시기** | 여름

압화방법 | 꽃의 줄기를 적당한 길이로 잘라 건조한다. 건조기간은 5~6일이다.

지리터리풀(장미과)

Filipendula formosa

분포지역 | 경남북, 전남북 **서식장소** | 산지 **생태적 특성** | 다년초로 높이가 1m에 달한다. 꽃은 7~8월에 핀다.
압화방법 | 꽃의 줄기를 적당한 길이로 잘라 건조한다. 건조기간은 6~7일이다.

지칭개(국화과)

Hemistepta lyrata

분포지역 | 한국 각지, 대만, 인도, 일본, 중국 **서식장소** | 밭과 들 **생태적 특성** | 2년초로 60~80cm쯤 자라며 줄기에 세로로 홈이 있다. 잎은 위로 갈수록 작아져 선상 피침형 또는 선형으로 된다. 꽃은 5~7월에 홍자색으로 피고 지름 2.5cm쯤의 두화가 가지와 줄기 끝에 달린다. **채취시기** | 봄

압화방법 | 꽃이 겹치지 않게 줄기에서 잘라 나눈다. 꽃은 세로로 3분의 1쯤까지 잘라 건조매트에 올려놓고 건조한다. 굵은 줄기는 세로로 3분의 1쯤까지 쪼개어 건조하면 좋다.

질경이(질경이과)

Plantago asiatica

분포지역 | 한국 각지, 말레이시아, 일본, 중국, 히말라야 **서식장소** | 길가나 빈터
생태적 특성 | 다년초로 잎은 뿌리에서 총생한다. 잎은 타원형 또는 난형으로 길이 4~15cm, 나비 3~8cm이다. 꽃은 6~8월에 백색으로 피고 잎 사이에서 길이 10~50cm의 화경이 나와 위쪽에 수상화서로 밀생한다. **채취시기** | 여름
압화방법 | 줄기를 3분의 1쯤 세로로 쪼개어 건조한다. 꽃이삭의 뒷면으로 되는 부분에 칼로 상처를 낸 뒤 건조매트에 올려놓고 압화한다.

짚신나물(장미과)

Agrimonia pilosa

분포지역 | 한국 각지, 일본, 유럽, 중국 서식장소 | 산과 들 생태적 특성 | 다년초로 높이는 30~100cm이고 전체에 털이 있다. 꽃은 6~8월에 황색으로 피고 줄기와 가지 끝에 총상화서로 달린다. 꽃잎과 꽃받침은 각각 5개이다. 채취시기 | 여름
압화방법 | 꽃의 줄기를 적당한 길이로 잘라 건조한다. 건조기간은 5~6일이다.

쪽(여뀌과)

Persicaria tinctoria

분포지역 | 중국 원산 **서식장소 |** 염료식물로 식재
생태적 특성 | 1년초로 줄기는 곧추서고 높이가 50~60cm로 홍자색이 돈다. 잎은 긴 타원형 또는 난형으로 길이는 7~9cm이다. 꽃은 8~9월에 홍색 또는 백색으로 핀다. **채취시기 |** 여름
압화방법 | 압화로 사용하는 주 부위는 꽃, 줄기, 잎, 이삭이다. 변색은 잘 안 되는 편이다.

찔레나무(장미과)

Rosa multiflora

분포지역 | 한국 각지 **서식장소** | 산기슭 양지나 들 **생태적 특성** | 낙엽활엽관목으로 높이가 2m에 달한다. 잎은 타원형으로 길이가 2~4cm이며, 양끝이 좁아지고 뒷면에 잔털이 있다. 꽃은 5월에 백색으로 피고 새 가지 끝에 원추화서로 달린다. **채취시기** | 봄

압화방법 | 압화로 사용하는 주 부위는 꽃과 잎이다. 변색은 꽃과 잎 모두 보통인 편이다.

pressed flower

ㅊ

차나무 | 참꽃마리 | 참당귀 | 참억새 | 참취 | 천궁 | 천남성 | 청사초 | 초롱꽃 | 층꽃나무 | 층층이꽃 | 취

차나무(차나무과)

Thea sinensis

분포지역 | 경남, 전남북, 일본, 중국 **서식장소** | 남부에 식재 **생태적 특성** | 상록관목으로 가지를 많이 치고 높이가 1~2m쯤 자란다. 잎은 긴 타원상 피침형으로 길이 2~15cm, 나비 2~5cm이다. 꽃은 10~11월에 백색으로 핀다.

압화방법 | 압화로 사용하는 주 부위는 꽃과 잎이다. 변색은 보통인 편이다. 차꽃은 채취 시기가 가장 중요하다. 수술이 노랗게 나올 때가 가장 좋다. 꽃의 표정을 잘 살려 압화한다. 건조기간은 5~6일이다.

참꽃마리(지치과)

Trigonotis radicans

분포지역 | 한국 각지, 일본, 만주 **서식장소 |** 산과 들의 습윤지 **생태적 특성 |** 다년초로 줄기는 처음에는 곧추서나 높이 10~15cm쯤 자란 다음 지면을 따라 뻗는다. 경엽은 심상 난형 또는 난형으로 길이가 1.5~4cm쯤이다. 꽃은 5~7월에 연한 남색으로 핀다. **채취시기 |** 봄
압화방법 | 꽃대를 적당한 길이로 잘라 꽃 정면 얼굴이 나올 수 있게 표정을 살려 건조매트에 넣어 2~3일 건조한다. 꽃잎을 하나씩 건조해 꽃대에 붙여 사용하기도 한다.

참당귀(산형과)

Angelica gigas

분포지역 | 강원도, 일본, 중국
서식장소 | 깊은 산의 숲 속 물가
생태적 특성 | 다년초로 근경은 굵고 줄기는 곧추서며 높이는 1~2m쯤 자란다. 잎은 장타원형 또는 난형으로 겹톱니가 있다. 꽃은 8~9월에 자색으로 피고 소산경은 15~20개이며, 소화경은 20~40개이다.
채취시기 | 여름
압화방법 | 줄기를 세로로 2분의 1쯤 가른 후 물기를 닦고 산형의 꽃은 겹치는 송이를 솎아낸 다음 건조한다. 만개한 꽃과 줄기를 분리하여 건조한다.

참억새(벼과)

Miscanthus sinensis

분포지역 | 한국 각지, 대만, 일본, 중국
서식장소 | 산
생태적 특성 | 다년초로 1~2m까지 자란다. 잎은 길이 20~60cm, 나비 6~20mm이다. 꽃은 9월에 피고 화서는 산방상으로 길이 10~30cm의 가지 10~25개가 난다.
채취시기 | 가을
압화방법 | 적당한 길이로 자르고, 이삭에 헤어스프레이를 뿌려 고정한 다음 건조매트에 배열하여 건조한다.

참억새

참취 (국화과)

Aster scaber

분포지역 | 한국 각지, 일본, 중국
서식장소 | 산과 들
생태적 특성 | 다년초로 근경은 굵고 짧으며 줄기는 곧추서고 끝에서 가지치며 높이는 1.1~1.5m이다. 근엽은 심장형으로 엽병이 길고 길이 10~25cm, 나비 6~18cm쯤 되나 위로 갈수록 작아져 화서의 잎은 길이가 3~5cm쯤 된다. 꽃은 8~10월에 백색으로 피고 가지와 줄기 끝에 산방화서로 달리며 두화는 지름 18~24mm이다.
채취시기 | 가을
압화방법 | 꽃의 줄기를 적당히 자른 후 건조매트에서 건조한다.

천궁(산형과)

Cnidium officinale

분포지역 | 중국 원산
서식장소 | 각지에 식재
생태적 특성 | 다년초로 근경은 굵고 줄기는 곧추서며 30~60cm쯤 자란다. 잎은 연한 녹색이고 근엽은 엽병이 길다. 소엽은 난형 또는 피침형이다. 꽃은 8~9월에 백색으로 핀다.
채취시기 | 여름
압화방법 | 압화로 사용하는 주 부위는 꽃과 줄기이다. 변색은 잘 안 되는 편이다.

천남성(천남성과)

Arisaema amurense for. *serratum*

분포지역 | 한국 각지, 일본, 중국
서식장소 | 산지의 그늘진 습지
생태적 특성 | 다년초로 구경식물이며 줄기는 곧추서고 높이는 15~50cm쯤 자란다. 잎은 1개로, 5개의 소엽으로 갈라지는데 난상 또는 도란상 피침형이다. 꽃은 5~7월에 피는데 불염포는 통부 길이가 8cm쯤이다.
채취시기 | 봄
압화방법 | 꽃대를 적당한 길이로 자르고 칼을 이용해서 꽃 뒷부분을 살짝 도려낸 후 포를 꺼내어 불염포와 꽃을 따로 건조하며, 건조기간은 4~5일 걸린다. 천남성은 독성이 있기 때문에 열매나 뿌리(구경)를 건조할 때 즙액이 묻지 않게 주의해야 한다. 꽃 모양이 독특하게 생겨 물고기 표현에도 사용한다.

청사초(사초과)

Carex breviculmis

분포지역 | 한국 각지, 일본, 중국
서식장소 | 숲 속이나 들
생태적 특성 | 다년초로 줄기는 총생하고 둔한 삼각형이며 5~40cm쯤 자란다. 잎은 편평하고 나비가 1~5mm이다. 꽃은 4~5월에 핀다.
압화방법 | 압화로 사용하는 주 부위는 꽃, 줄기, 잎이다. 변색은 매우 잘 되는 편이다.

초롱꽃(초롱꽃과)

Campanula punctata

분포지역 | 한국 각지, 일본, 만주, 시베리아
서식장소 | 산
생태적 특성 | 다년초로 줄기는 곧추서고 높이가 40~100cm이다. 경엽은 난형 또는 피침형으로 길이 5~8cm, 나비 1.5~4cm이고 끝은 뾰족하다. 꽃은 6~8월에 피는데 백색 또는 연한 홍자색 바탕에 짙은 반점이 있으며 긴 화경 끝에 길이 4~5cm의 종 같은 꽃이 달려 밑으로 처진다.
채취시기 | 여름
압화방법 | 겹치는 꽃은 솎아낸다. 꽃의 기부에 상처를 내 모양을 잡고 건조매트에 배열하여 건조한다. 줄기는 세로로 3분의 1 또는 반으로 쪼갠 다음 건조한다.

초롱꽃

층꽃나무(마편초과)

Caryopteris incana

분포지역 | 경남, 전남, 대만, 일본, 중국
서식장소 | 야산, 들 **생태적 특성 |** 다년초로 줄기는 곧추서고 기부가 목질이며 높이는 30~60cm이고 전주(全株)에 잔털이 있다. 잎은 대생하고 장타원형으로 길이 2.5~6cm, 나비 1.5~3cm이다. 꽃은 7~8월에 자색으로 피고 꽃받침은 5개이다. **채취시기 |** 여름~가을 **압화방법 |** 꽃의 줄기를 적당한 길이로 잘라 건조한다. 건조기간은 7~8일이다.

층층이꽃 (꿀풀과)

Clinopodium chinense

분포지역 | 한국 각지, 일본 **서식장소** | 산과 들 **생태적 특성** | 다년초로 네모지고 밑 부분이 약간 옆으로 자라다가 위로 곧추서며 높이는 15~60cm 이다. 잎은 타원형으로 길이 2~4cm, 나비 1~2.5cm이다. 꽃은 7~8월에 연한 홍색으로 피고 가지와 줄기 끝에 많은 꽃이 층으로 달린다. **채취시기** | 여름
압화방법 | 꽃줄기를 적당히 자른 다음 줄기를 세로로 2분의 1 또는 3분의 1쯤 자른 후 건조한다. 건조기간은 5~6일이다.

칡(콩과)

Pueraria thunbergiana

분포지역 | 한국 각지, 대만, 일본, 중국
서식장소 | 산기슭의 양지
생태적 특성 | 낙엽활엽의 덩굴성 식물이다. 잎은 난형으로 길이와 나비가 각각 10~15cm이다 꽃은 8월에 홍자색으로 피나 드물게 백색 또는 연분홍색이 있다.
채취시기 | 여름
압화방법 | 압화로 사용하는 주 부위는 꽃, 줄기, 잎이다. 꽃은 겹치지 않게 솎아낸다. 덩굴을 적당한 길이로 잘라 굵은 것은 3분의 1쯤으로 쪼개 그대로 건조매트에 배열하여 건조한다. 건조할 때는 곡선을 낸 표정을 만들어 압화하면 좋다. 어린 새순을 적당한 길이로 잘라 건조한다. 덩굴 건조에는 6~8일이 걸린다. 녹색의 소재가 유통되며, 변색은 잘 안 되는 편이다. 크고 작은 칡잎과 잎 뒷면을 정면으로 보이게 사용해도 재미있다. 잎이나 순은 그대로 활용해 부엉이나 고양이를 표현하는 데 많이 쓴다.

pressed flower

ㅋ

큰구슬붕이 | 큰꽃으아리 | 큰애기나리

큰구슬붕이(용담과)

Gentiana zollingeri

분포지역 | 한국 각지, 일본, 중국, 사할린
서식장소 | 산의 숲 속
생태적 특성 | 2년초로 줄기는 곧추서고 높이는 5~10cm이다. 잎은 넓은 난형으로 길이 5~12mm, 나비 3~10mm이다. 꽃은 5~6월에 자색으로 피고 줄기와 가지 끝에 몇 개씩 모여 달리며 화경은 극히 짧거나 없다.
채취시기 | 봄
압화방법 | 손으로 꽃 표정을 잡아 지긋하게 눌러 건조매트에 넣어 2~3일 건조한다.

큰꽃으아리(미나리아재비과)

Clematis patens

분포지역 | 한국 각지, 일본, 중국 **서식장소** | 산기슭 양지 **생태적 특성** | 덩굴성 식물로 줄기는 2~4m쯤 자란다. 잎은 난상 피침형으로 길이는 4~10cm이며, 끝이 뾰족하고 가장자리는 밋밋하다. 꽃은 5~6월에 백색 또는 연한 자주색으로 피는데 지름이 10~15cm이며 상향하여 수평으로 퍼지고 가지 끝에 1개씩 달린다. **채취시기** | 봄
압화방법 | 꽃, 잎, 줄기의 넝쿨을 사용한다. 만개, 반봉오리, 봉오리 등을 구별하여 건조한다. 줄기는 넝쿨을 살려 건조한다.

큰애기나리 (백합과)

Disporum viridescens

분포지역 | 한국 각지, 일본, 만주 **서식장소** | 숲 속 **생태적 특성** | 다년초로 근경이 옆으로 뻗으며 줄기는 곧추서고 30~70cm쯤 자란다. 잎은 난상 타원형 또는 긴 타원형으로 길이 6~12cm, 나비 2~5cm이며 끝은 짧게 뾰족하고 밑은 둥글다. **채취시기** | 봄
압화방법 | 꽃과 잎, 줄기를 분리하여 건조한다.

pressed flower

ㅌ

타래난초 | 타래붓꽃 | 톱잔대 | 톱풀

타래난초(난초과)

Spiranthes sinensis

분포지역 | 한국 각지, 말레이시아, 유럽, 인도, 일본, 오스트레일리아, 중국 **서식장소** | 양지바른 풀밭 **생태적 특성** | 다년초로 줄기는 곧추서고 높이는 10~40cm이다. 잎은 대부분 근생하고 선형으로 길이 5~20cm, 나비 3~10mm이며 끝은 둔하거나 뾰족하고 밑은 자루 모양으로 가늘어진다. **채취시기** | 여름
압화방법 | 꽃이 붙은 상태에서 칼로 줄기에 상처를 내어 건조매트에 건조한다.

타래붓꽃 (붓꽃과)

Iris lactea var. *chinensis*

분포지역 | 한국 각지, 중국 **서식장소** | 산지 **생태적 특성** | 다년초로 화경은 곧추서며 높이가 7~30cm이다. 잎은 선형으로 길이 20~70cm, 나비 7~30cm이다. 꽃은 5~6월에 연한 보라색으로 피는데 화경 끝의 3~4개의 엽상포 사이에 2~4개가 달린다. **채취시기** | 봄
압화방법 | 꽃, 줄기를 같이 건조한다. 줄기의 뒷면은 칼로 긁는다.

톱잔대(초롱꽃과)

Adenophora pereskiaefolia var. *curvidens*

분포지역 | 함북, 만주
서식장소 | 산지
생태적 특성 | 다년초로 줄기는 곧추서고 높이는 50~100cm쯤 자란다. 잎은 선형 또는 피침형으로 길이 10~12cm, 나비 2~3mm이고 끝은 매우 뾰족하고 밑은 둔하며 가장자리에 예리한 톱니가 있다. 꽃은 8~9월에 연한 자색으로 피고 줄기와 가지 끝에 단총상으로 달린다.
채취시기 | 가을
압화방법 | 꽃, 잎, 줄기를 같이 자른 후 건조한다.

톱풀(국화과)

Achillea alpina

분포지역 | 한국 각지, 시베리아, 유럽, 일본, 중국
서식장소 | 산지의 풀밭
생태적 특성 | 다년초로 근경은 옆으로 뻗고 줄기는 곧추서며 50~110cm쯤 자란다. 잎은 타원상 성형으로 길이 6~10cm, 나비 7~15mm쯤 자라며 가장자리에 예리한 톱니가 있다. 꽃은 7~10월에 백색 또는 연한 홍색으로 피고 줄기 끝에 달린다.
채취시기 | 여름
압화방법 | 겹치는 꽃을 솎아낸 후 건조매트에 건조한다.

pressed flower

묘

패랭이꽃 | 편백 | 풀솜나물

패랭이꽃(석죽과)

Dianthus chinensis

분포지역 | 한국 각지 **서식장소 |** 낮은 지대의 건조한 곳, 냇가나 돌밭 **생태적 특성 |** 다년초로 줄기는 총생하여 곧추서며 높이는 40cm에 달한다. 잎은 대생하고 선형 또는 피침형으로 길이 5~6cm, 나비 3~5mm이다. 꽃은 6~8월에 홍자색으로 피며 가지 끝에 1~3개씩 달린다. 흔한 식물로 채집이 쉬운 편이다.
채취시기 | 여름
압화방법 | 꽃의 정면을 바로잡고, 적당한 길이로 잘라 건조한다. 건조기간은 6~7일이다. 겹치는 꽃은 솎아내고 꽃받침의 기부를 눌러 자방을 떼어낸다. 잎은 사포에 올려놓고 손으로 눌러 상처를 내어 건조매트에 건조한다.

편백(측백나무과)

Chamaecyparis obtusa

분포지역 | 일본 원산 **서식장소** | 남부지방 조림용 **생태적 특성** | 상록교목으로 높이 40m, 지름 2m에 달하며 수피는 적갈색 또는 흑갈색이다.
압화방법 | 압화로 사용하는 주 부위는 잎이다. 변색은 보통인 편이다.

풀솜나물(국화과)

Gnaphalium japonicum

분포지역 | 충남 이남, 대만, 일본, 중국
서식장소 | 야산
생태적 특성 | 다년초로 줄기는 곧추서고 10~20cm쯤 자란다. 전체가 백색 털로 덮여 있고, 밑에서 옆으로 뻗는 가지가 나와 번식한다. 잎은 선상 또는 도피침형으로 길이 2.5~10cm, 나비 4~7mm이고 표면은 녹색으로 털이 약간 있으나 뒷면에 밀생한다. 꽃은 5~7월에 갈색으로 피고 두화가 줄기 끝에 달린다.
채취시기 | 봄
압화방법 | 적당한 크기로 잘라서 그대로 건조매트에 배열하여 건조한다. 꽃을 솎아내어 압화해도 좋다.

pressed flower

ㅎ

하늘나리 | 하늘말나리 | 할미꽃 | 해오라비난초 | 현호색 | 홀아비꽃대 | 황해쑥 | 히어리

하늘나리(백합과)

Lilium concolor

분포지역 | 경남 이북, 일본, 중국 **서식장소** | 야산 **생태적 특성** | 다년초로 줄기는 곧추서고 30~80cm쯤 자란다. 꽃은 6~7월에 짙은 홍색으로 피고 줄기 상부에 1~5개가 달리며 곧추서서 핀다. **채취시기** | 여름
압화방법 | 꽃을 살짝 시들게 한 다음 모양을 잡아 건조한다. 건조기간은 5~7일이다.

하늘말나리(백합과)

Lilium tsingtauense

분포지역 | 제주를 제외한 각 지역 **서식장소** | 산지
생태적 특성 | 다년초로 줄기는 곧추서고 50~140cm쯤 자란다. 줄기 중부의 잎은 6~15개가 윤생하고 그 위에 2~6개의 잎이 호생하며, 피침형 또는 타원형으로 길이 5~15cm, 나비 2~5cm이다. 꽃은 7~8월에 피고 황적색 바탕에 자색 반점이 있으며 줄기 상부에 1~6개의 꽃이 위를 향해 달리며 소화경은 길이 2~8cm이고 지름은 약 4cm이다. **채취시기** | 여름
압화방법 | 만개한 꽃은 모습에 따라 한 잎, 한 잎 따로 건조한 후 조립한다. 봉오리는 세로로 2분의 1쯤 자른 다음 휴지를 끼워 건조한다.

하늘말나리

할미꽃 (미나리아재비과)

Pulsatilla koreana

분포지역 | 한국 각지, 일본, 중국
서식장소 | 야산의 양지바른 곳
생태적 특성 | 다년초로 식물체에 솜털이 밀생하고 높이는 40cm 안팎으로 자란다. 잎은 뿌리에서 총생하며 엽병이 길고 5개의 소엽으로 구성되어 있다. 꽃은 4~5월에 홍자색으로 피며 잎의 중앙에서 30~40cm의 꽃대가 나와서 끝에 1개의 꽃이 밑을 향하여 달린다. 꽃받침 조각은 6개이고 긴 타원형이며 안쪽은 적자색이다. 압화로 사용하는 주 부위는 꽃과 줄기이다. **채취시기 |** 봄
압화방법 | 꽃대를 적당한 길이로 잘라 정면 얼굴, 접힌 얼굴, 꽃봉오리 등 손으로 꽃 표정을 살려 건조매트에 넣어 4~5일 건조한다. 꽃대가 두꺼운 경우 줄기를 칼로 금을 긋듯 살짝 상처를 내면 수분이 빨리 제거되어 색상이 선명하게 건조된다. 할미꽃의 적색색상이 어둡게 나오면 적색환원제 처리를 한다. 꽃이 진 뒤에 흰털로 덮인 열매를 건조하여 형인작 작품에 머리카락으로 많이 사용한다. 꽃의 정면 표정과 봉오리 모양을 손질하여 건조한다. 건조기간은 4~5일이다. 꽃에 줄기와 잎을 포함해 압화한 것이 수요가 많다. 변색은 잘 안 되는 편이다.

해오라비난초(난초과)

Habenaria radiata

분포지역 | 강원, 경기, 함남, 일본 **서식장소** | 양지바른 습지 **생태적 특성** | 다년초로 줄기는 곧추서고 높이는 15~40cm이다. 하부의 잎은 넓은 선형으로 길이 5~10cm, 나비 3~6mm이며 상부로 갈수록 점점 작아져 인편엽으로 된다. 꽃은 7~8월에 백색으로 피고 줄기 끝에 1~2개가 달리며 지름 3cm쯤으로 해오라비가 춤추는 것처럼 아름답다. **채취시기** | 여름

압화방법 | 꽃을 줄기에서 잘라 분리하고 건조매트 위에 둔다. 다리미를 낮은 온도로 설정하여 80~90% 건조한 후 건조매트에 배열하여 압화한다. 타지 않게 주의해야 한다.

현호색(양귀비과)

Corydalis turtschanovii

분포지역 | 한국 각지, 중국 **서식장소 |** 야산 **생태적 특성 |** 다년초로 높이가 20cm에 달한다. 잎은 호생하고 엽병이 길며 1~2회 3개로 갈라진다. 잎 표면은 녹색, 뒷면은 분백색이다. 꽃은 4월에 연한 홍자색으로 피고 줄기 끝에 총상화서로 달린다. 줄기와 잎 포함해서 채집하기가 쉽다. **채취시기 |** 봄

압화방법 | 꽃대와 함께 꽃의 표정을 잘 살려 건조매트에 넣어 3~4일 건조한다. 꽃의 줄기를 적당한 크기로 잘라 건조한다.

홀아비꽃대(홀아비꽃대)

Chloranthus japonicus

분포지역 | 한국 각지, 사할린, 일본, 중국
서식장소 | 산지의 숲 속
생태적 특성 | 다년초로 높이가 20~30cm로 자란다. 잎은 4매가 줄기 끝부분에 윤상으로 서로 접하여 대생하고 타원형으로 길이 4~12cm, 나비 2~6cm이다. 꽃은 4월에 백색으로 피며, 줄기 끝에 나는 수상화서에 달린다.
채취시기 | 봄
압화방법 | 꽃, 잎, 줄기를 함께 건조한다. 두꺼운 줄기는 칼로 살짝 금을 긋듯 상처를 내면 수분이 빨리 제거되어 색상이 선명하게 건조된다. 특히 꽃이 흰색이므로 건조매트를 1~2회 더 갈아주면 선명한 색상을 유지할 수 있다. 잎은 건조 후에 어두운 진녹색으로 되는 경향이 있다. 건조기간은 4~5일이다. 변색은 보통인 편이다.

황해쑥(국화과)

Artemisia argyi

분포지역 | 경기, 황해, 중국
서식장소 | 들
생태적 특성 | 모기쑥풀이라는 이름으로 유통되는 다년초로, 줄기는 45~120cm이고 백색 면모가 밀생하여 회백색을 띤다. 잎은 약간 정삼각형으로 길이 6~8.5cm, 나비 4.5~5cm이다.
압화방법 | 압화로 사용하는 주 부위는 잎이다. 변색은 잘 안 되는 편이다.

홀아비꽃대

히어리(조롱나무과)

Corylopsis coreana

분포지역 | 경기, 경남, 전남 **서식장소** | 산기슭 **생태적 특성** | 낙엽활엽관목으로, 높이는 1~2m이고 작은 가지는 황갈색 또는 암갈색이다.

압화방법 | 압화로 사용하는 주 부위는 꽃이다. 덩어리 꽃송이의 뒷부분은 솎아내고 건조한다. 건조기간은 5~6일이다.

pressed flower

학명으로 찾기
참고문헌

| 학명으로 찾기 |

A ***

Acer palmatum · 086
Achillea alpina · 286
Adenophora pereskiaefolia var. *curvidens* · 286
Adenophora remotiflora · 113
Adenophola triphylla · 242
Adonis amurensis · 148
Agastache rugosa · 135
Agrimonia pilosa · 257
Agropyron tsukusinense · 028
Ajuga decumbens · 050
Ajuga multiflora · 247
Allium thunbergii · 166
Allium victorialis · 165
Amorpha fruticosa · 251
Anemone narcissiflora · 128
Angelica decursiva · 127
Angelica gigas · 264
Anthriscus sylvestris · 244
Aquilegia buergeriana var. *oxysepala* · 106
Arisaema amurense for. *serratum* · 268
Artemisia argyi · 302
Artemisia capillaris · 085
Artemisia princeps · 197
Asarum sieboldii · 250

Aster scaber · 266
Aster tataricus · 026
Astilbe rubra · 074
Astragalus sinicus · 238
Asyneuma japonicum · 216
Atractylis japonica · 171

B ✻✻✻

Balamcanda chinensis · 144
Betula platyphylla var. *japonica* · 238
Bistorta manshuriensis · 143
Bletilla striata · 236
Boehmeria nivea · 112
Bupleurum euphorbioides · 098

C ✻✻✻

Calanthe discolor · 174
Callistephus chinensis · 036
Caltha palustris var. *membranacea* · 093
Calystegia japonica · 110
Camellia japonica · 092
Campanula glomerata var. *dahurica* · 240
Campanula punctata · 270
Capsella bursa-pastoris · 069
Cardamine amaraeformis · 061
Carex breviculmis · 270
Carex kujuzana · 243

Caryopteris incana · 272

Chamaecyparis obtusa · 291

Chloranthus japonicus · 302

Chrysanthemum indicum · 021

Chrysanthemum zawadskii var. *latilobum* · 042

Cimicifuga heracleifolia · 195

Cirsium japonicum · 212

Clematis apiifolia · 161

Clematis mandshurica · 225

Clematis patens · 280

Clerodendron trichotomum · 078

Clinopodium chinense · 273

Cnidium officinale · 268

Commelina communis · 087

Convallaria keiskei · 226

Cornus kousa · 164

Cornus officinalis · 167

Cornus walteri · 105

Corydalis heterocarpa · 216

Corydalis ochotensis · 080

Corydalis speciosa · 163

Corydalis turtschanovii · 301

Corylopsis coreana · 304

Cymbidium goeringii · 147

Cypripedium macranthum · 150

D***

Datura stramonium · 090
Davallia mariesii · 070
Dianthus chinensis · 290
Dicentra spectabilis · 046
Diospyros kaki · 022
Disporum smilacinum · 204
Disporum viridescens · 281
Draba nemorosa · 058
Dracocephalum argunense · 222
Duchesnea chrysantha · 138
Dystaenia takesimana · 182

E***

Echinosophora koreensis · 024
Elsholizia splendens · 060
Epilobium pyrricholophum · 126
Equisetum arvense · 190
Erigeron annuus · 025
Erythronium japonicum · 210
Eupatorium chinensis var. *simplicifolium* · 096
Euphrasia maximowiczii · 253

F***

Filipendula formosa · 254
Forsythia koreana · 024

G***

Galium verum · 184

Gentiana scabra · 221

Gentiana zollingeri · 278

Geranium thunbergii · 231

Geum japonicum · 139

Ginkgo biloba · 228

Gnaphalium affine · 101

Gnaphalium japonicum · 292

Gymnaster koraiensis · 140

H***

Habenaria radiata · 300

Hemerocallis fulva · 224

Hemistepta lyrata · 255

Hepatica asiatica · 072

Heracleum moellendorffii · 209

Hosta longipes · 155

Houttuymia cordata · 207

I***

Impatiens texori · 118

Indigofera kirilowi · 099

Indigofera pseudo-tinctoria · 068

Inula britannica var. *japonica* · 048

Iris lactea var. *chinensis* · 285

Iris minutiaurea · 049
Iris pseudoacorus · 071
Iris rossii · 018
Iris sanguinea · 154
Ixeris dentata · 199
Ixeris stolonifera · 252

K

Kalimeris yomena · 198

L

Lamium album var. *barbatum* · 040
Lamium amplexicaule · 038
Leibnitzia anandria · 186
Leontopodium coreanum · 186
Leonurus japonicus · 232
Lespedeza bicolor · 196
Lespedeza cuneata · 156
Lepidium apetalum · 084
Ligularia fischeri · 034
Lilium concolor · 296
Lilium tsingtauense · 296
Liriope platyphylla · 108
Lotus corniculatus · 142
Lychnis cognata · 094
Lychnis wilfordi · 246
Lycopodium clavatum var. *nipponicum* · 178

Lycoris koreana · 137
Lycoris radiata · 176
Lycoris squamigera · 172
Lysimachia barystachys · 054
Lythrum anceps · 151

Mallotus japonicus · 218
Malus sieboldii · 202
Meehania urticifolia · 141
Melampyrum roseum · 058
Melilotus suaveolens · 243
Metaplexis japonica · 132
Miscanthus sinensis · 264
Moss · 230
Mukdenia rossii · 091

Narcissus tazetta var. chinensis · 192
Nelumbo nucifera · 215
Nymphaea tetragona · 191

O ✽✽✽

Oenanthe javanica · 119
Orostachys japonica · 130
Osmunda japonica · 032
Oxalis cornicutata · 041

P ✽✽✽

Paederia scandens · 030
Paeonia lactiflora · 242
Paeonia suffruticosa · 111
Parnassia palustris · 116
Parthenocissus tricuspidata · 088
Patrinia scabiosaefolia · 104
Persicaria dissitiflora · 018
Persicaria hydropiper · 214
Persicaria thunbergii · 031
Persicaria tinctoria · 258
Petasites japonicus · 109
Phytolacca esculenta · 237
Pinus densiflora · 183
Plantago asiatica · 256
Platycodon grandiflorum · 089
Potentilla fragarioides var. *major* · 208
Primula sieboldii · 206
Prunella vulgaris · 062
Prunus jamasakura · 146
Prunus mume · 107
Pteridium aquilinum var. *latiusculum* · 033
Pueraria thunbergiana · 274
Pulsatilla koreana · 298
Pyrola japonica · 073
Pyrus pyrifolia · 134

Q***

Quercus dentata · 100

R***

Ranunculus japonica · 120
Rhus verniciflua · 220
Robinia pseudo-accacia · 203
Rosa multiflora · 259
Rubia akane · 057
Rumex acetocella · 205

S***

Salix graciliglans · 079
Sanguisorba hakusanensis · 168
Sanguisorba officinalis · 219
Saururus chinensis · 170
Saxifraga stolonifera · 131
Scabiosa tschiliensis · 184
Scilla sinensis · 114
Scorus gramineus · 180
Scutellaria pekinense var. *transitra* · 162
Sedum kamtschaticum · 051
Selaginella involvens · 129
Selaginella tamariscina · 152
Senecio integrifolius · 189
Setaria viridis · 023

Smilacina japonica · 188
Solidago virga-aurea var. *asiatica* · 122
Sonchus oleraceus · 133
Sorbaria sorbifolia var. *stellipila* · 194
Spiraea cantoniensis · 034
Spiraea prunifolia for. *simpliciflora* · 248
Spiraea salicifolia · 056
Spiraea thunbergii · 180
Spiranthes sinensis · 284
Stachys japonica · 179
Stephanandra incisa · 044
Swertia pseudo-chinensis · 240
Symplocos chinensis var. *leucocarpa* · 076
Syneilesis palmata · 223

T ✻✻✻

Taraxacum platycarpum · 123
Thalictrum aquilegifolium var. *sibiricum* · 064
Thalictrum rochebrunianum · 045
Thea sinensis · 262
Torilis japonica · 160
Tricyrtis macropoda · 157
Trigonotis radicans · 263
Tulipa edulis · 169

Veronica didyma var. *lilacina* · 029
Veronica longifolia · 052
Viburnum dilatatum · 016
Viburnum sargentii · 136
Vicia amoena · 020
Vicia angustifolia · 016
Vicia cracca · 095
Vicia spurium var. *echinospermon* · 021
Vigna angularis · 175
Viola mandshurica · 245

Weigela florida · 153
Wisteri flooribunda · 097

Youngia denticulata · 229

| 참고문헌 |

- 김수정, 허북구, 박윤점. 2004. 자생식물을 이용한 압화작품의 소재 분류 및 표현경향. 〈한국화예디자인학회지〉 10: 307~322.
- 김현주, 허북구, 박윤점. 2005. 실리카겔, 전기로, 포코트 및 마이크로웨이브가 압화용 장미꽃의 건조에 미치는 영향. 〈한국화예디자인학회지〉 13: 47~63.
- 박윤점, 김태춘, 박용서, 임명희, 조자용, 김호철, 허북구. 2006. 배나무 절지에 대한 생화용색소와 식용색소의 흡수처리가 압화용 배꽃의 염색성에 미치는 영향. 〈생명자원과학연구〉 28: 10~16.
- 박윤점, 김현주, 허북구, 백진주, 유용권. 2006. 국내에서 유통되고 있는 압화용 주요 식물소재의 종류와 특성. 〈한국화예디자인학 연구〉 14: 51~74.
- 박윤점, 유성오, 송채은, 허북구, 김현주. 2003. Citric acid 처리에 의한 변색된 압화의 화색 환원. 〈한국화훼연구회지〉 11(2): 213~217.
- 박윤점, 정정학, 김수정, 허북구. 2004. 플라워디자인용 망사잎에 대한 자생 초본식물 46종류 추출물의 염색성. 〈한국화훼연구회지〉 12(4): 317~322.
- 박윤점, 조자용, 장홍기, 허북구. 2003. Tartaric acid 처리농도, 온도, 침지시간 및 pH가 변색된 압화용 소재의 화색환원에 미치는 영향. 〈원예과학기술지〉 21(4): 428~433.
- 박윤점, 허북구, 강영규. 2001. 건조화 및 압화의 가공산업 현황과 전망. 〈원예과학기술지〉 19(2): 262~269.
- 백진주, 박윤점, 허북구, 남영숙. 2000. 우리나라에 있어서 압화의 현황과 발전방향. 〈한국화예디자인학회지〉 2: 163~173.
- 백진주, 장홍기, 조자용, 임명희, 박용서, 유용권, 박윤점, 허북구. 2005. 나주시 특산품 개발을 위한 배꽃의 염색. 〈한국지역사회생활과학회지〉 16(3): 37~45.

- 변미순, 김은아, 김규원. 1999. 유기산 처리에 의한 변색 압화의 화색 복원. 〈한국원예학회지〉 40(1): 139~142.
- 변미순, 이성자, 김규원. 2003. 열탕 및 무기염처리에 의한 눌린 잎의 장기보존. 〈원예과학기술지〉 21(4): 412~416.
- 송원섭. 1997. 《건조화의 이론과 실제》, 도서출판 서일, 서울.
- 양정인, 박윤점, 채상엽, 허북구. 1997. 《압화예술원론》, 도서출판 서원, 서울.
- 이성자, 변미순, 김용원. 2001. 한국 자생화를 이용한 압화작품의 세계. 〈한국꽃문화학회지〉 2: 105~112.
- 이성자. 1999. 엽록소의 분자수식에 의한 압화잎의 장기 보존. 영남대학교 석사학위논문.
- 이우철. 1996. 《원색한국기준식물도감》, 도서출판 아카데미서적, 서울.
- 이원영, 윤미정, 곽병화, 박천호. 2003. 여러 가지 건조방법을 이용한 야생화의 건조효과. 〈원예과학기술지〉 21(1): 50~56.
- 정혜인, 박금자, 신현탁. 2004. 《화훼식물도감》, 도서출판 세이, 서울.
- 허북구, 박노복, 윤재길, 백진주, 박재옥, 장홍기, 이송주, 박윤점. 2006. 압화용 배꽃의 염색시 생화용 색소와 식용색소의 염색성 비교. 〈화훼연구〉 14(1): 43~48.
- 허북구, 윤재길, 박윤점. 2003. 《당신도 플라워디자이너로 성공할 수 있다》, 중앙생활사, 서울.
- 허북구, 장홍기, 조자용, 박윤점, 유용권, 백진주. 2005. 실내조경 소품 개발측면에서 배꽃의 염색. 〈실내조경〉 7(1): 47~55.
- Allen, J., C. Edwards, I. Finlayson, A. Johnson, and R. Schmitz. 1979. *Flower arranging*. Octopus Books, London.
- Condon, G. 1962. *The art of flower preservation*. Lane Book Company,

California.
- Cormack, A. and D. Carter. 1987. *Flowers: Growing, drying, preserving.* Crescent Books Co., New Jersey.
- Hall, J. and S. W. Leeyn. 1981. *Press flower: The art of flower arranging.* Smithmark Publishers, New York.
- Hillier, M. 1989. *Drying preserving technique using desiccants, decorating with dried flowers.* Crown Publishers, New York.
- Nelson, K. 1993. *The best dried flower.* Mark Publishing Co., Scotts valley, California.
- Raworh, J. and S. Berry. 1989. *Dried flowers for all seasons.* Readers Digest, New York.
- Squires, M. 1989. *The art of drying plants and flowers.* Bonanza Books Co., New York.
- Waterkeyn, S. 1988. *The creative art of dried flowers.* Kingdom, London.

중앙생활사 중앙경제평론사
Joongang Life Publishing Co./Joongang Economy Publishing Co.

중앙생활사는 건강한 생활, 행복한 삶을 일구다는 신념 아래 설립된 건강·실용서 전문 출판사로서 치열한 생존경쟁에 심신이 지친 현대인에게 건강과 생활의 지혜를 주는 책을 발간하고 있습니다.

누구나 쉽게 배우는 야생화 압화 식물도감

초판 1쇄 발행 | 2008년 3월 21일
개정초판 1쇄 인쇄 | 2014년 5월 3일
개정초판 1쇄 발행 | 2014년 5월 8일

지은이 | 박윤점·김유진·허북구
　　　　(Yunjum Park · Youjin Kim · Bukgu Heo) 外 4명
펴낸이 | 최점옥(Jeomog Choi)
펴낸곳 | 중앙생활사(Joongang Life Publishing Co.)

대　　표 | 김용주
편　　집 | 한옥수
기　　획 | 이원희
디자인 | 김영희
마케팅 | 최기원
인터넷 | 김희승

출력 | 케이피알　종이 | 한솔PNS　인쇄 | 현문자현　제본 | 광신제책사

잘못된 책은 바꾸어 드립니다.
가격은 표지 뒷면에 있습니다.

ISBN 978-89-6141-127-1(16480)

등록 | 1999년 1월 16일 제2-2730호
주소 | ⓤ100-826 서울시 중구 다산로20길 5(신당4동 340-128) 중앙빌딩
전화 | (02)2253-4463(代) 팩스 | (02)2253-7988
홈페이지 | www.japub.co.kr 이메일 | japub@naver.com

♣ 중앙생활사는 중앙경제평론사·중앙에듀북스와 자매회사입니다.

Copyright ⓒ 2008 by 박윤점·김유진·허북구 外 4명
이 책은 중앙생활사가 저작권자와의 계약에 따라 발행한 것이므로 본사의 서면 허락 없이는 어떠한 형태나 수단으로도 이 책의 내용을 이용하지 못합니다.
※ 이 책은 《누구나 쉽게 배우는 야생화 압화 250》을 독자들의 요구에 맞춰 새롭게 출간하였습니다.

▶ 홈페이지에서 구입하시면 많은 혜택이 있습니다.

※ 이 도서의 국립중앙도서관 출판시도서목록(CIP)은 e-CIP 홈페이지(http://www.nl.go.kr/cip.php)에서 이용하실 수 있습니다.(CIP제어번호: CIP2014010696)